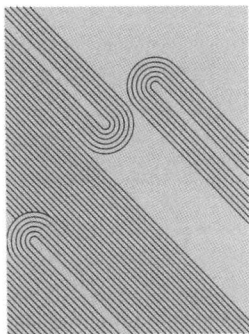

胶东地区地壳结构特征及其对金成矿的启示

STUDY ON CRUSTAL STRUCTURE BENEATH
JIAODONG PENINSULA AND ITS IMPLICATION
FOR GOLD MINERALIZATION

俞贵平　徐涛　艾印双　侯爵◎著

中南大学出版社
www.csupress.com.cn

图书在版编目(CIP)数据

胶东地区地壳结构特征及其对金成矿的启示／俞贵平等著. —长沙：中南大学出版社，2021.4
ISBN 978-7-5487-4361-3

Ⅰ. ①胶… Ⅱ. ①俞… Ⅲ. ①地壳构造－研究－山东②金矿床－成矿作用－研究－山东 Ⅳ. ①P313.2②P618.510.1

中国版本图书馆 CIP 数据核字(2021)第 026732 号

胶东地区地壳结构特征及其对金成矿的启示
JIAODONG DIQU DIQIAO JIEGOU TEZHENG JIQI DUI JIN CHENGKUANG DE QISHI

俞贵平　徐　涛　艾印双　侯　爵　著

□责任编辑	刘小沛	
□责任印制	易红卫	
□出版发行	中南大学出版社	
	社址：长沙市麓山南路	邮编：410083
	发行科电话：0731-88876770	传真：0731-88710482
□印　　装	长沙理工大印刷厂	

□开　　本	710 mm×1000 mm 1/16　□印张 6.75　□字数 136 千字	
□互联网+图书	二维码内容　字数 1 千字　图片 28 个	
□版　　次	2021 年 4 月第 1 版　□2021 年 4 月第 1 次印刷	
□书　　号	ISBN 978-7-5487-4361-3	
□定　　价	35.00 元	

图书出现印装问题，请与经销商调换

作者简介

About the Author

俞贵平 男，博士。2020年7月毕业于中国科学院地质与地球物理研究所，获固体地球物理学专业博士学位，现为桂林理工大学博士后，主要从事基于背景噪声和接收函数的壳幔深部结构成像研究、体波层析成像方法技术研究等。在国内外学术刊物发表学术论文13篇，其中被SCI收录10篇。

徐涛 男，博士。中国科学院地质与地球物理研究所研究员，博士生导师。研究成果包括，以地震观测为基础，完成了人工源深地震测深近2000 km剖面观测、宽频带流动台站逾1000 km剖面观测；发展了复杂地质模型的建模及地震射线追踪方法；将野外观测、方法创新、壳幔结构成像相结合，开展了中国典型构造域的人工源与天然源地震探测及壳幔精细结构成像工作；在青藏高原壳幔结构探测与成像、古老重大地质事件岩浆作用的地球物理探测与深部过程重建、板块俯冲与深源地震成因研究等方面取得了重要进展。近年来，先后主持国家自然科学基金优秀青年基金1项、国家重点研发计划"深地资源勘查开采"重点专项项目课题1项、国家自然科学基金5项、中国地质调查局项目1项。并参加了中国科学院战略先导性专项、国家自然科学基金创新群体、深部探测技术与试验研究专项（SinoProbe02、SinoProbe03）、国家重点基础研究发展计划项目（973）等多项基金项目。曾获第八届青藏高原青年科技奖（2011年），入选中国地质学会"2010年度十大地质科技进展"（2011年）、"2015年度十大地质科技进展"（2016年）。现已在国内外期刊发表论文70余篇（其中被SCI收录30余篇）。

艾印双 男,博士。中国科学院地质与地球物理研究所研究员,博士生导师。现任中国科学院地质与地球物理研究所地震台阵探测实验室主任、地球内部学科组组长。主要从事地幔过渡带结构、地震波形反演方法、地球内核结构等方面研究。近年来,先后主持国家自然科学基金杰出青年基金 1 项,以及国家自然科学基金项目、中科院重大科研装备项目、国家重大仪器科研装备研制开发项目子课题等多项基金项目。现已在国内外地球物理核心刊物上发表论文 30 余篇。

侯爵 男,博士。中国地震局地球物理研究所助理研究员。主要从事基于背景噪声和接收函数的壳幔深部结构成像研究等。近年来,主持国家自然科学基金 1 项,在国内外学术刊物发表学术论文 9 篇,其中被 SCI 收录 5 篇。

内容简介 / Introduction

晚中生代以来，华北克拉通东部经历了以岩石圈减薄作用为主要特征的大规模岩石圈破坏，与此同时形成了大规模的伸展构造、广泛发育的花岗岩类侵入体和巨量的金矿化。巨量金成矿与克拉通破坏高度吻合的时空关系表明两者存在密切的内在联系。胶东地区位于华北克拉通东缘，是中国第一大金矿集区，因而是研究巨量金成矿与克拉通破坏成因联系的最佳场所；同时，胶东金矿床分布极不均匀，其中胶西北矿集区金矿高度集中，而东部的牟乳成矿带储量却很少，这种区域性成矿差异为在同一地区开展不同矿集区的对比研究提供了有利条件。已有研究表明，伸展构造和幔源岩浆作用是克拉通东部金矿成矿的关键要素，然而目前对金成矿与强烈构造-岩浆活动的具体联系并不十分清楚。本书在综述华北克拉通破坏与金成矿相关科学问题的基础上，详细阐述了胶东及其邻区已有的地质、地球物理研究，系统总结了接收函数与背景噪声成像的基本原理；并重点基于在同一测线布设的一条短周期密集台阵剖面和一条宽频带台阵剖面，开展了胶东地区地壳精细结构成像研究。本书对于深入认识克拉通金成矿与晚中生代强烈地壳伸展和巨量岩浆活动的内在联系，以及分析区域性成矿差异的原因等具有重要的科学意义。

本书包含基于短周期密集台阵和宽频带密集台阵数据的接收函数与背景噪声成像方法的应用实例，可供地球深部结构成像和克拉通金成矿相关领域的研究人员参考使用；同时，也可作为高等院校相关专业的教师、研究生和高年级本科生的教学参考用书。

前言 / Foreword

克拉通是世界上最重要的金矿床分布区，主要分为石英脉型金矿床和蚀变岩型金矿床两种，一般均将其归为造山型金矿床。但已有研究表明，华北克拉通金矿床与造山型金矿床不同，两者在成矿构造背景和成矿流体来源等方面存在明显区别。华北克拉通东部是我国最大的黄金基地，其金矿床与华北克拉通破坏具有密切的时空关系。因此，深入研究克拉通金成矿与克拉通破坏的内在联系对于指导我国深部找矿和寻找新的金矿接替基地具有重要的理论和现实意义。

胶东地区位于华北克拉通东缘，是中国第一大金矿集区，因而是研究巨量金成矿与克拉通破坏峰期强烈构造-岩浆活动内在联系的最佳场所；同时，胶东地区金矿床分布极不均匀，这为在同一地区开展不同矿集区的对比研究提供了有利条件。胶东地区的金矿开采历史较悠久，最早可追溯至唐朝。经过长期研究和积累，胶东矿集区在地表地质、地球化学、钻探等方面的研究已较为全面，但受限于地壳深部结构的探测成本和探测能力，对深部结构与成矿的具体关系尚缺乏系统的认识。

2017—2021 年，在国家重点研发计划"深地资源勘查开采"重点专项课题"胶辽地区岩石圈深部结构"子课题（2016YFC0600101）的支持下，以及在中国博士后科学基金（2020M683627XB）、国家自然科学基金（41974048）、广西自然科学基金（2018GXNSFBA050005）和桂林理工大学科研启动经费（GUTQDJJ2020114）的联合资助下，笔者基于布设在胶东同测线的一条短周期密集台阵剖面和一条宽频带台阵剖面，利用接收函数和背景噪声成像方法，系统揭示了胶东地区的地壳精细结构特征，并探讨了胶东金成矿的动力学机制及其东、西部区域性成矿差异的原因。

全书分为 6 章：第 1 章介绍胶东地区地质背景及其地壳结构研究现状；第 2 章和第 3 章分别概述了接收函数和背景噪声成像方法的基本原理、常规处理流程和注意事项；第 4 章介绍了短周期密集台阵和宽频带台阵的数据情况，展示了利用两种数据分别开展接收函数、背景噪声成像以及联合反演的处理流程和结果，总结了主要地壳结构特征，并对不同方法的成像结果做了比较；第 5 章结合本研究的成像结果和已有地质地球物理资料，讨论了主要地壳结构特征对金成矿的启示；第 6 章总结主要认识，并提出了下一步工作设想。

在本书即将出版之际，衷心感谢多年来一直给予笔者关心和支持的同事、朋友和学术同仁！感谢中国科学院地质与地球物理研究所郑天愉研究员、陈凌研究员、杨进辉研究员、林伟研究员和苗来成研究员对本书提出的许多宝贵建议！感谢国家数字测震台网数据备份中心在地震数据方面提供的支持和帮助！最后，感谢中南大学出版社编辑们的辛勤劳动！

本书源于科学研究，受作者个人水平限制，难免有不妥之处，恳请读者批评指正！

目录 / Contents

第1章 绪 论

1.1 研究目的和意义

华北克拉通东部既是全球古老克拉通遭受破坏的最佳例证[1,2]，也是我国最重要的黄金基地[3-5]。已有研究表明，华北大型和超大型金矿床整体上沿华北克拉通东部陆块的边缘分布，且主要形成于早白垩世(130~120 Ma)[4]，成矿时代与克拉通破坏的峰期(约125Ma)基本一致[6-9]。巨量金成矿与克拉通破坏高度吻合的时空关系表明两者可能存在密切的内在联系。目前，大量岩石学、地质学和地球化学研究已表明，伸展构造和幔源岩浆不仅是克拉通破坏的重要表现形式，也是克拉通东部金矿床的关键控矿要素[10-12]。据此，朱日祥等[13,14]提出了克拉通破坏型金矿床理论，并认为克拉通破坏型金矿床与造山型金矿床的本质区别在于成矿构造背景(伸展背景 vs. 挤压背景)和成矿流体来源(岩浆或地幔脱挥发分vs. 壳源变质脱挥发分为主)。然而，目前对克拉通金成矿与克拉通破坏期间强烈构造-岩浆活动的具体联系并不清楚。

胶东地区位于华北克拉通东缘，是中国第一大金矿集区，其探明黄金储量占全国储量的1/4[3,5]，因而是研究巨量金成矿与伸展构造和幔源岩浆活动之间内在关系的最佳场所[13,14]。当然，胶东金成矿本身具有其特殊性和复杂性。比如，胶东金矿床分布并不均匀，其中胶西北矿集区金矿高度集中(约占胶东金矿总储量的3/4)，而东部的牟乳成矿带则储量很少。当然，这种区域性成矿差异也为我们在同一地区开展不同矿集区的对比研究提供了有利条件。目前，岩石学和地球化学领域的研究者已经从围岩、流体、伸展构造等角度开展了大量研究[4,5,15]，但大多是针对矿床成因的研究，对控矿构造的规模、深部延伸及构造样式尚不明确，对岩浆活动的规模、形式及其与控矿构造的联系也缺乏详细的认识。因此，开展胶东地区地壳精细结构成像，对于全面认识胶东地区的地壳结构特征、分析区域性成矿差异的原因以及进一步研究金成矿与强烈构造-岩浆活动的内在联系等均具有重要价值。

1.2 胶东地区地质背景

胶东地区位于华北克拉通与华南块体的东部边界（图 1.1），西部以郯庐断裂带为界，是一个中生代构造与岩浆强烈发育的内生热液金矿成矿集中区[11, 16]。胶东地区由胶北隆起、胶莱盆地和苏鲁造山带三个构造单元组成[17, 18]，其中胶北隆起和胶莱盆地属于华北克拉通，而苏鲁造山带则是华北和华南陆-陆碰撞形成的造山带，属性上更接近于华南块体[19]。

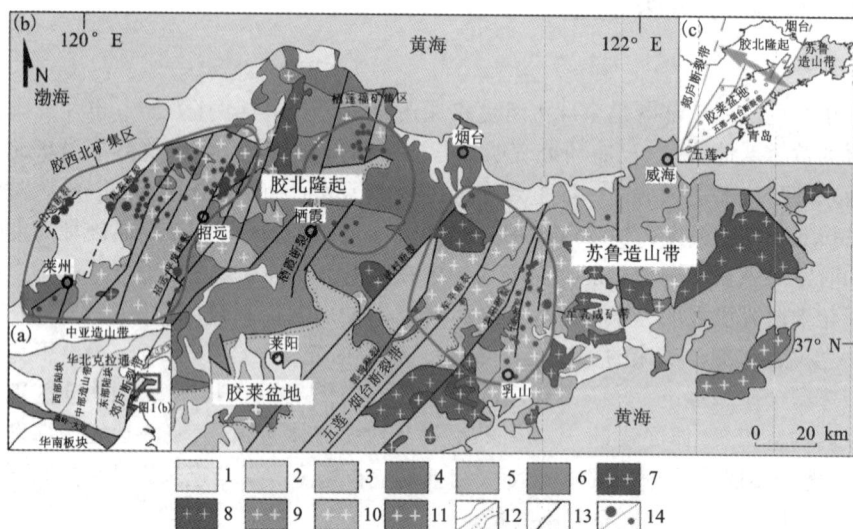

图 1.1 胶东地区地质简图[5]

1—第四纪松散沉积物；2—古近纪—新近纪陆相火山沉积地层；3—白垩纪陆相火山沉积地层；4—古元古代—新元古代滨浅海相地层；5—新元古代榴辉岩花岗质片麻岩；6—太古宙花岗绿岩带；7—白垩纪崂山花岗岩；8—白垩纪伟德山花岗岩；9—白垩纪郭家岭花岗闪长岩；10—侏罗纪花岗岩；11—三叠纪花岗岩类；12—确认的/不确认的边界；13—断层；14—大-超大型金矿/中型金矿。左下角内插图（a）和右上角内插图（c）分别示意研究区位置和研究区构造略图。图（c）中箭头表示晚中生代岩石圈伸展方向

胶北隆起是典型的热隆伸展构造(伸展穹窿/变质核杂岩),主要以太古宙变质岩和中生代花岗岩为主,发育大规模 NE—NNE 向拆离断层,包括三山岛、焦家、招平和栖霞在内的四条重要控矿断裂。胶北隆起发育胶西北和栖蓬福两个金矿集中区,其中胶西北矿集区主要以蚀变岩型与石英脉型金矿均发育为特征,栖蓬福矿集区则以石英脉型金矿为主[20, 21]。胶莱盆地是早白垩世伸展背景下形成的断陷盆地[22, 23],主要由白垩纪陆相火山-沉积地层(莱阳群、青山群和王氏群)组成。胶莱盆地本身金矿化较差,目前仅在胶莱盆地与变质基底的结合部位发现有小规模的构造角砾岩型和砾岩型金矿[20, 21]。苏鲁造山带是秦岭—大别造山带的东延,是典型的超高压变质岩带[24-26],主要由新元古代含榴辉岩的花岗质片麻岩和中生代花岗岩组成,并以五莲—烟台断裂带为界与其北部的胶北地体(包括胶北隆起和胶莱盆地)相接。造山带内牟乳成矿带主要沿五莲—烟台断裂带和金牛山断裂(牟平—乳山断裂)发育石英脉型金矿和蚀变砾岩型金矿,但矿床规模较胶西北地区明显偏小[20, 21]。五莲—烟台断裂带地表表现为一条晚中生代以来的脆性走滑断裂带[27-29],并经历了晚侏罗世左行走滑挤压、早白垩世(金成矿期)拉张和晚白垩世—古近纪右行走滑。空间上,五莲—烟台断裂带可以分为西段的五莲—青岛断裂带和东段的青岛—烟台断裂带,而东段实际上主要由桃村、郭城、牟平和海阳等四条断裂组成,本书所说的五莲—烟台断裂带一般指的是牟平断裂。五莲—烟台断裂带以东出露大规模高压-超高压变质岩,所以目前一般将其视为华北与华南陆-陆碰撞在苏鲁地区的边界[19, 30-32]。

中生代以来,胶东地区经历了大规模岩浆作用,岩浆岩出露面积占胶东地区陆域总面积的 1/3 以上。岩石类型主要包括大规模的花岗岩类侵入岩、广泛分布的中基性-酸性脉岩和沿裂陷盆地发育的火山岩。其中,花岗岩类侵入岩以晚侏罗世(160~150 Ma)地壳重熔型花岗岩和早白垩世(130~105 Ma)壳幔混合型花岗岩为主[33, 34];中基性-酸性脉岩主要有煌斑岩脉、闪长玢岩脉、二长岩脉和花岗斑岩脉等;火山岩以早白垩世中酸性火山岩(青山群)为主,另有少量新生代玄武岩分布于胶东西部[35]。这些火成岩成因复杂,其时空分布和形成演化主要与三叠纪华北与华南板块的陆-陆碰撞和晚中生代以来的强烈岩石圈伸展运动密切相关。

三叠纪华南板块向北俯冲于华北克拉通之下,经陆-陆碰撞与超高压变质岩折返,形成了现今的大别—苏鲁超高压变质岩带及同造山花岗岩。大别—苏鲁超高压变质岩带已成为研究大陆深俯冲的最佳场所[25, 26]。晚中生代主要受古西太平洋板块(Izanagi)俯冲影响,在强烈伸展背景下,华北克拉通东部发生大规模破坏[9],在胶东地区主要表现为:①地壳和岩石圈减薄[36-41];②以胶莱盆地、胶北变质核杂岩和郯庐断裂带为代表的伸展构造广泛发育[42-43];③大规模花岗岩侵位和火山喷发[34, 44]。

1.3 胶东及邻区地壳结构研究现状

目前，许多学者在胶东及其邻区已经开展了大量壳幔深部结构成像研究。马杏垣等[45]利用宽角反射/折射地震探测技术获得了跨苏鲁造山带和鲁西隆起的地壳二维 P 波速度结构，并讨论了华北块体的克拉通化与克拉通破坏。潘素珍等[46]同样利用宽角反射/折射地震探测技术获得了跨胶东半岛的二维地壳 P 波速度结构(图 1.2)，其结果表明：①胶东地区地表速度整体偏高，基底埋深普遍较浅，从东到西呈逐渐变浅趋势；②苏鲁造山带上地壳 P 波速度较胶北地体(包括胶莱盆地和胶北隆起)偏高；③壳内普遍可以观测到 P1、P2 两组震相，但 P3 震相只有在胶西北下地壳才能观测到；④五莲—烟台断裂带两侧存在明显的地壳结构差异。Zhang 等[47]则利用大地电磁测深技术获得了跨胶东半岛的地壳电阻率模型(图 1.3)，其近地表的高导异常与三山岛、焦家、招平、栖霞、五莲—烟台等主要断裂带对应良好，并且电阻率剖面显示这些断层最终均汇聚到中地壳高导层。Yang 等[32]跨苏鲁造山带开展了深反射地震研究(图 1.4)，揭示了三叠纪华北与华南陆-陆碰撞的深部动力学过程，并认为五莲—烟台断裂带是经过强烈改造的三叠纪缝合线。Li 等[48]和孟亚锋等[49]分别利用国家固定台网的数据开展了宽频带背景噪声成像研究，并分别获得了胶东地区和郯庐断裂带中南段地区的三维 S 波速度结构，其中 Li 等[48]发现下地壳和上地幔顶部低速异常与新生代玄武质岩浆活动相关，但由于台站稀疏，横向分辨率较低，孟亚锋等[49]则发现苏鲁造山带南部和嘉山—响水断裂带以南存在中地壳低速层(图 1.5)。此外，Ai 等[50]、Chen 等[38]和 Zheng 等[37]还开展了跨郯庐断裂带和鲁西隆起的接收函数研究，并讨论了岩石圈减薄与克拉通破坏问题，其中 Zheng 等[37]的 S 波速度反演结果还发现中下地壳存在低速层(图 1.6)，但未做具体讨论。

上述研究为认识胶东及邻区的构造背景和深部动力学过程提供了直接的地球物理学成像结果，具有重要参考意义。然而，比较遗憾的是直接跨胶东半岛及主要矿集区的剖面很少，只有一条宽角反射/折射地震剖面[46]和一条大地电磁测深剖面[47]，且只能提供中等分辨率的成像结果。

除上述深部地球物理探测以外，胶东地区还开展了部分重磁异常研究[51, 52]，尽管横向分辨率较高，但垂向分辨率有限。而以浅层地震勘探为代表的高分辨率成像方法由于成本高，测线一般较短，且主要布设在矿区内部[53, 54]。其中 Yu 等[53]跨三山岛、焦家和招平等断裂带的反射地震剖面(图 1.7)表明，三山岛断裂和招平断裂带为 SE 倾向，焦家断裂为 NW 倾向，三山岛断裂和焦家断裂在深部倾斜相交，玲珑岩体浅层发育大量 X 状共轭断层，并与深部超壳走滑断层相连接。

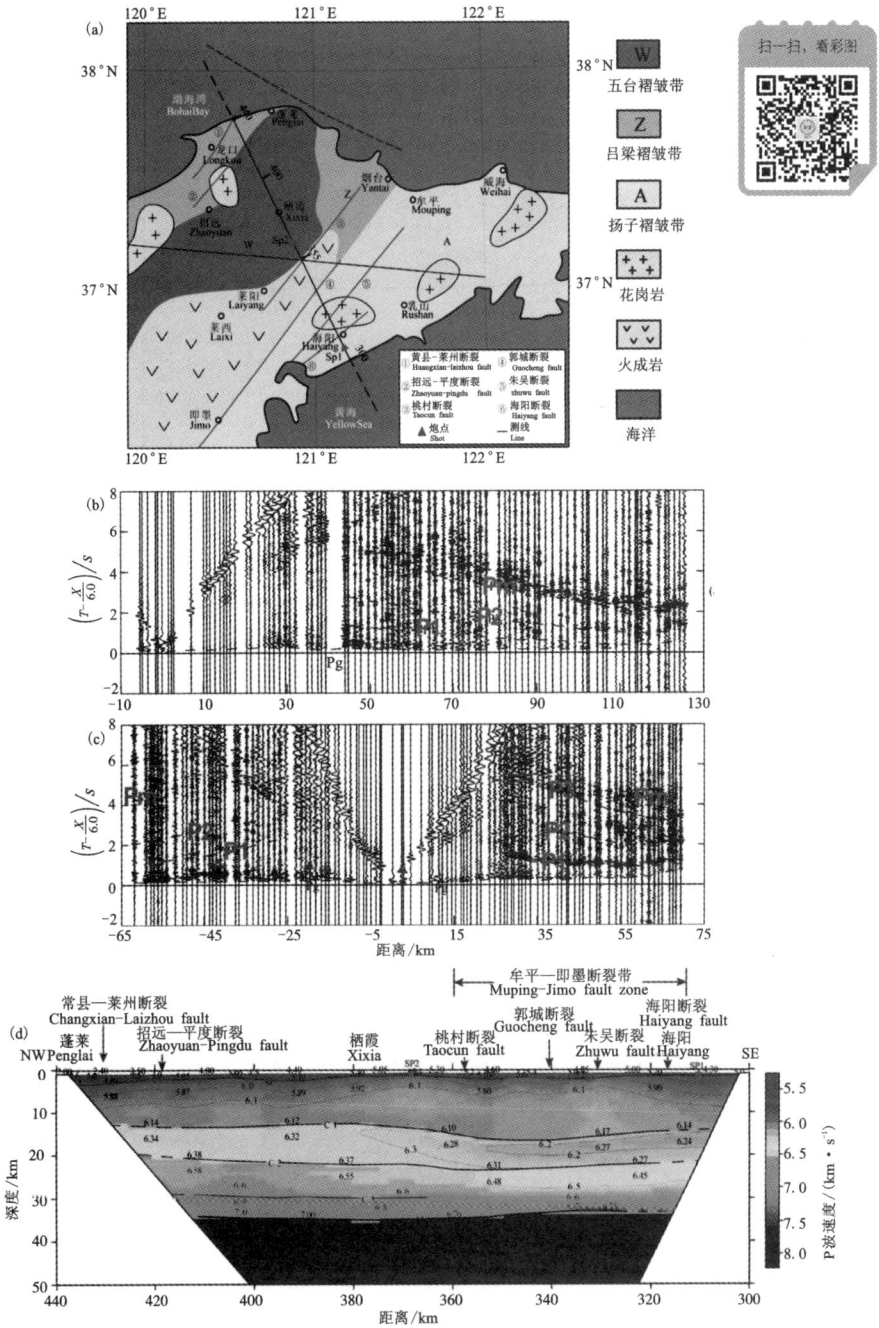

图 1.2 胶东宽角反射/折射地震探测剖面[46]

(a)剖面位置;(b)SP1 炮地震记录;(c)SP2 炮地震记录;(d)二维 P 波速度剖面

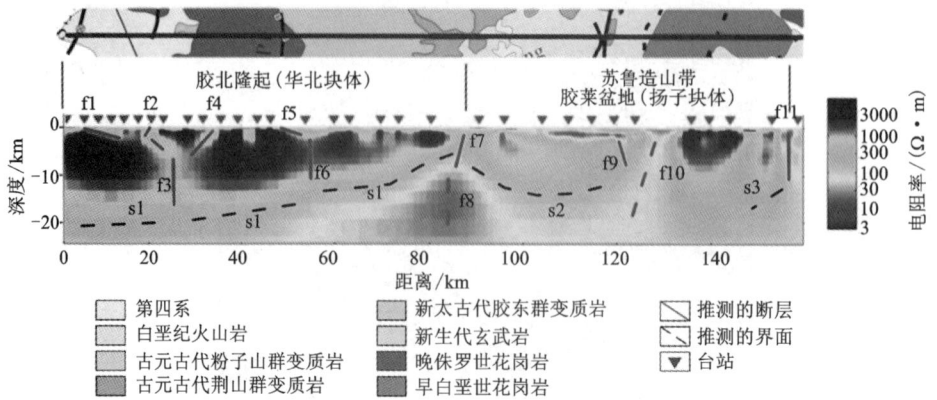

图 1.3 胶东大地电磁测深视电阻率剖面[47]

剖面西起三山岛，东至乳山。f1：三山岛断裂；f2：焦家断裂；f4，f5：招平断裂；f7：桃村断裂；f3，f6，f8：深部断裂；f9：郭城断裂；f10：牟平断裂；f11：五莲—荣成断裂

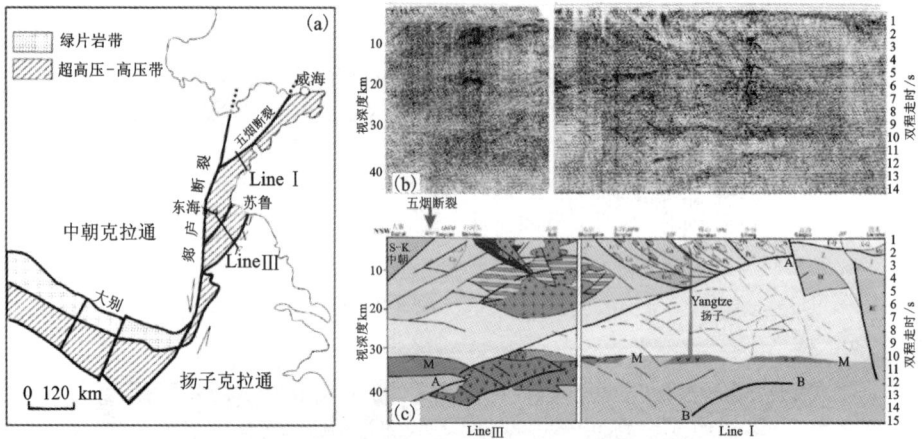

图 1.4 跨苏鲁造山带的深反射地震剖面[32]

(a)剖面位置图；(b)反射地震偏移剖面；(c)解释剖面

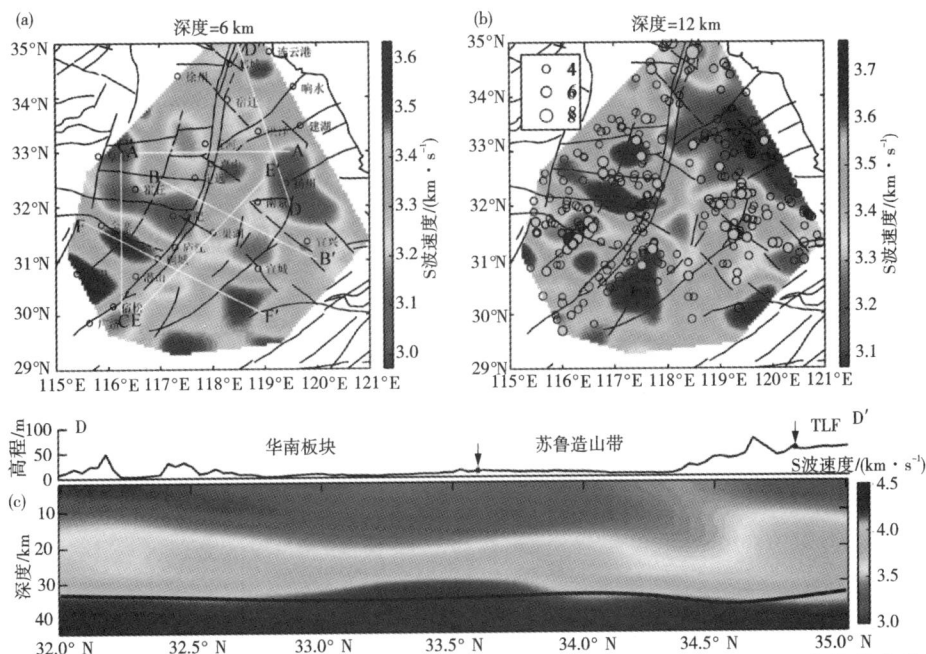

图 1.5 郯庐断裂带南段背景噪声成像[49]

（a）、（b）分别为 6 km 和 12 km 的 S 波速度切片；（c）对应图（a）中 DD′剖面

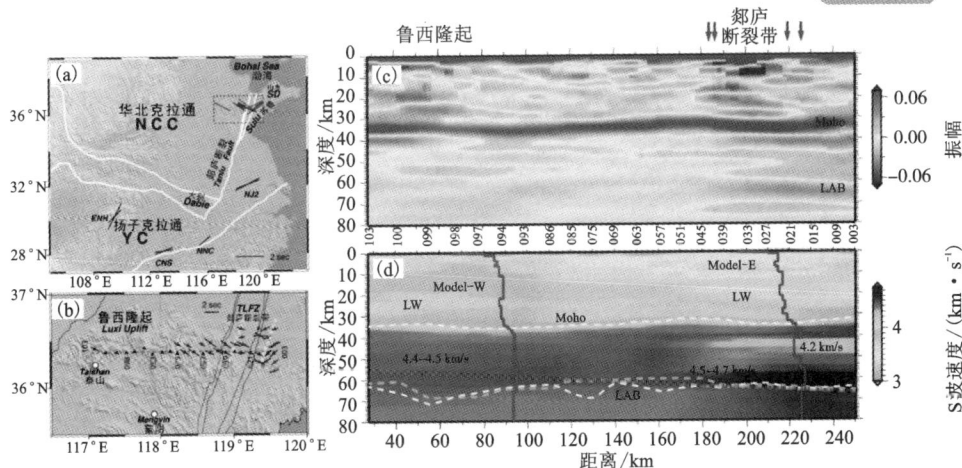

图 1.6 跨郯庐断裂带和鲁西隆起的接收函数剖面[37]

（a）华北克拉通与扬子克拉通剪切波分裂结果对比；（b）跨郯庐断裂带和鲁西隆起宽频带剖面的剪切波分裂
结果；（c）、（d）分别为相应的接收函数 CCP 叠加剖面和 S 速度反演剖面

扫一扫，看彩图

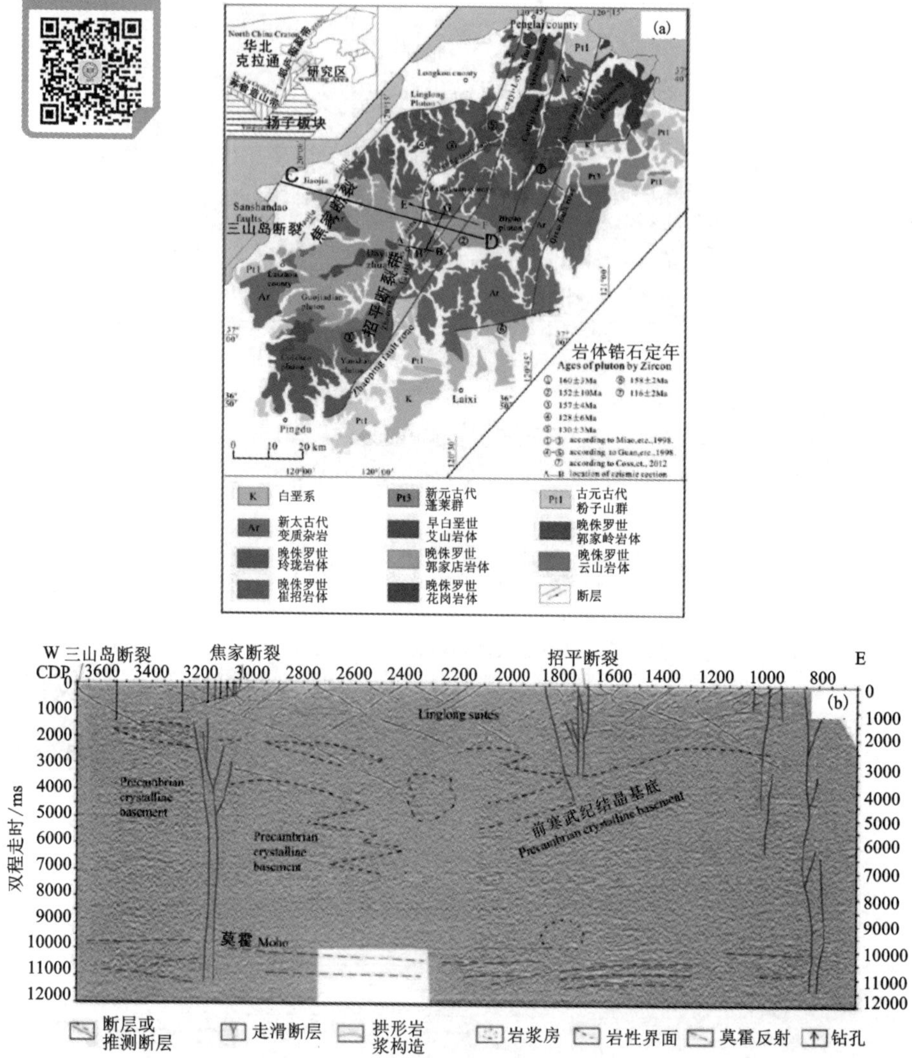

图 1.7　跨胶西北矿集区的浅层反射地震剖面[53]

(a)剖面位置图；(b)与图(a)中 CD 剖面对应的浅层反射地震解释剖面

1.4　本书的主要研究内容和架构

基于短周期密集台阵的被动源地震成像方法是近年来发展的一种新技术，它结合了短周期台站的轻便性和被动源成像不依赖于震源的特点，具有高分辨率和低成本的优势，可以弥补浅层地震勘探和深部地球物理探测各自在经济性和分辨率上的不足，目前已经有很多成功的案例[55-59]。然而，短周期密集台阵由于低频信号不足，因此一般仅用于地壳精细结构研究，对岩石圈地幔以下的深部结构探测则仍需依赖宽频带地震台阵。

本书研究剖面西起三山岛东至乳山，全长 170 km。尽管剖面较短，但其横跨了胶北隆起、胶莱盆地和苏鲁造山带三个构造单元，经过了胶西北矿集区和牟乳成矿带两个重要矿集区，穿过了三山岛、焦家、招平、栖霞、桃村、郭城、牟平、海阳、金牛山等至少 9 条重要断裂，具有一定的复杂性。为了充分发挥短周期密集台阵和宽频带台阵各自的优势，我们先后在同一测线布设了一条短周期密集台阵剖面（共 340 个台）和一条宽频带台阵剖面（共 20 个台），并分别开展了接收函数成像、背景噪声成像以及接收函数和频散曲线联合反演。实践表明，两种不同台阵数据的成像结果不是简单的重复，而是各有优势、相互补充，可以为胶东地壳精细结构研究提供丰富的选择和交叉验证方式。同时，我们还参考了大量已有地质地球物理资料，为地壳精细结构成像及其解释提供先验约束。

本书共 6 章，各章主要内容如下：

第 1 章介绍研究目的和意义，概括胶东地区地质背景，总结胶东及其邻区地壳结构研究现状，概述本书的主要研究内容。

第 2 章和第 3 章分别概述了接收函数和背景噪声成像的基本原理和常规处理流程。

第 4 章介绍了本研究短周期密集台阵和宽频带台阵的数据情况，展示了利用两种数据分别开展接收函数、背景噪声成像以及联合反演的处理流程和结果，总结了主要地壳结构特征，并对不同方法的成像结果做了简单对比。

第 5 章结合本研究成像结果和已有地质地球物理资料，对主要地壳结构特征做了解释，并提出：胶东地区存在广泛的地壳伸展和岩浆活动，但胶西北矿集区伸展构造尤为发育，而牟乳成矿带主要受控于高角度的脆性（走滑）断裂；地壳伸展规模的差异及其造成的控矿构造的差异可能是引起区域性成矿差异的主要原因。

第 6 章总结主要认识，并对下一步研究进行展望。

第2章　接收函数研究方法

天然地震波形记录复杂，会受到多重因素的影响，因而很难直接用于研究地下结构。接收函数研究方法的发展在一定程度上解决了上述难题，近年来该方法逐步完善并得到了广泛应用。本章将对其基本原理和常规处理流程进行介绍。

2.1　接收函数的发展历史

接收函数可以简单理解为台站下方介质结构对近垂直入射的地震体波的脉冲响应。其物理基础是：远震体波以高角度到达台站下方时，遇到任意速度间断面都会发生透射和转换，形成相应的透射波、转换波和多次波(图2.1)。利用这些震相之间的到达时差及其振幅信息，可以估计界面深度、介质速度和平均纵横波速度比等。

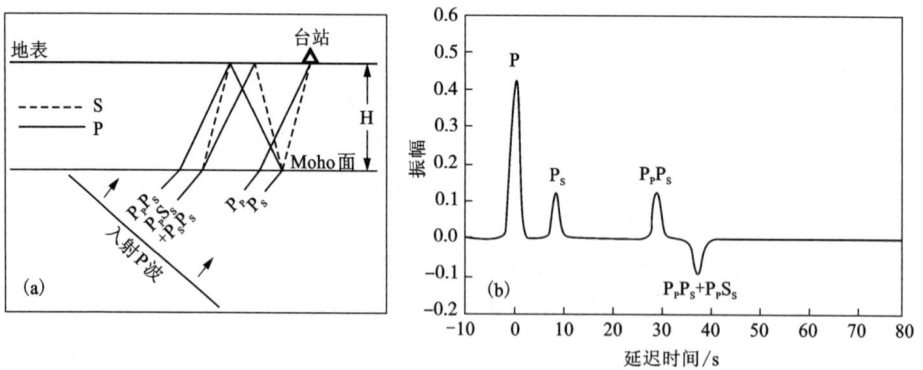

图2.1　P波接收函数射线路径(a)与波形示意图(b)

Phinney(1964)的谱振幅比法[60]和 Vinnik(1977)的尝试[61]都是接收函数的雏形。Burdick 和 Langston(1977)提出，远震 P 波理论上可以表示为震源时间函数、传播路径介质响应和仪器响应的褶积[62]。据此，Langston(1979)提出了等效震源假定[63]，假设台站下方介质对远震 P 波响应的垂直分量为 δ 函数，从远震体波信号中分离出了台站下方介质对入射 P 波脉冲响应的水平分量，即接收函数。随后，该方法进入快速发展阶段，在接收函数计算[64-68]、波形反演[36,69]、叠加或偏移成像[70-74]等方面均得到了快速发展和应用。此外，Yuan 等(1997)发展了接收函数动校正技术[75]；Zhu 和 Kanamori(2000)利用接收函数一次波及多次波震相特点发展了 $H-\kappa$ 扫描方法，用于估计台站下方地壳厚度和平均纵横波速度比[71]。

　　P 波接收函数已成为地震学家研究壳幔结构的常用手段，然而在岩石圈地幔深度，容易受壳内界面多次波的干扰(图 2.2)，约束能力不足。Farra 和 Vinnik(2000)进一步发展了 S 波接收函数[76]。由于 S_p 波先于 S 波到达，无多次波干扰，因此 S 波接收函数在研究岩石圈底界面方面得到了广泛应用[39,77-80]。较 P 波而言，S 波主频更低，且入射角更大(图 2.2)，相应的接收函数分辨率也较低，一般仅用于探测岩石圈底界面。

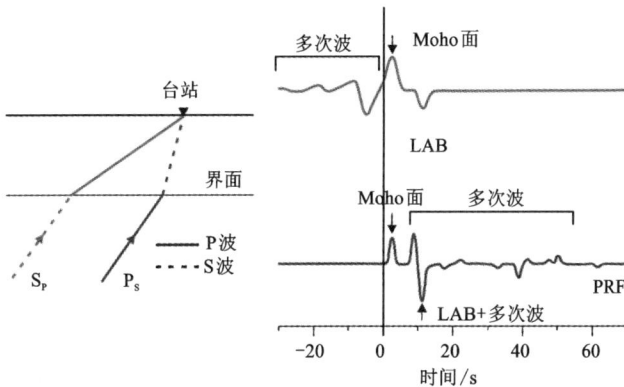

图 2.2　P 波与 S 波接收函数对比[81]

2.2　接收函数提取

　　在时间域，远震 P 波数据 $u(t)$ 可表示为仪器响应 $i(t)$、震源时间函数 $s(t)$ 和沿传播路径介质结构脉冲响应 $e(t)$ 的卷积，那么 RTZ 三分量可以表示为：

$$u_Z(t) = i(t) * s(t) * e_Z(t)$$
$$u_R(t) = i(t) * s(t) * e_R(t) \tag{2.1}$$
$$u_T(t) = i(t) * s(t) * e_T(t)$$

在频率域中的形式为

$$U_Z(\omega) = I(\omega) \cdot S(\omega) \cdot E_Z(\omega)$$
$$U_R(\omega) = I(\omega) \cdot S(\omega) \cdot E_R(\omega) \tag{2.2}$$
$$U_T(\omega) = I(\omega) \cdot S(\omega) \cdot E_T(\omega)$$

式中: ω 为角频率。基于等效震源假定, 可以将接收函数的垂直分量 $e_Z(t)$ 视为 δ 函数,

$$e_Z(t) \approx \delta(t)$$
$$E_Z(\omega) \approx 1 \tag{2.3}$$

将式(2.3)代入式(2.2), 则垂向分量可以表示为

$$U_Z(\omega) \approx I(\omega) \cdot S(\omega) \tag{2.4}$$

相应地, 径向和切向位移则可以表示成垂向分量与介质结构响应的褶积:

$$u_R(t) \approx u_Z(t) * e_R(t)$$
$$u_T(t) \approx u_Z(t) * e_T(t) \tag{2.5}$$

式中: $e_R(t)$ 为径向接收函数, $e_T(t)$ 为切向接收函数。由于 $u(t)$ 已知, 在频率域或时间域进行反褶积就可以计算接收函数。

2.2.1 频率域反褶积

在频率域, 式(2.5)可写成如下形式:

$$E_R(\omega) \approx \frac{U_R(\omega)}{U_Z(\omega)}$$
$$E_T(\omega) \approx \frac{U_T(\omega)}{U_Z(\omega)} \tag{2.6}$$

将 $E_R(\omega)$、$E_T(\omega)$ 从频率域变换到时间域, 即可分别得到径向和切向接收函数。

实际应用时, 在频率域内进行除法计算可能存在不稳定的情况, 这是因为垂直位移分量数据值可能为零或趋于零。为了解决这一问题, Helmberger 和 Wiggins (1971)提出了"水准量"的概念[82]:

$$E_R(\omega) = \frac{U_R(\omega) \cdot U_Z^*(\omega)}{\Phi(\omega)} G(\omega) \tag{2.7}$$

式中:

$$\Phi(\omega) = \max\{U_Z(\omega) \cdot U_Z^*(\omega), c \cdot \max[U_Z(\omega) \cdot U_Z^*(\omega)]\} \tag{2.8}$$
$$G(\omega) = \exp(-\omega^2/4\alpha^2) \tag{2.9}$$

式中：$\Phi(\omega)$ 为水准量，常数 c 介于 0 和 1 之间，可根据实际噪声水平进行调整。$G(\omega)$ 表示高斯低通滤波器，α 表示高斯系数，其值与滤波器带宽呈负相关。假定 $G(f)$ 取值为 0.1，α 取值不同时对应不同的高频截止频率和带宽，如表 2.1 所示。$U_Z^*(\omega)$ 为 $U_Z(\omega)$ 的共轭。

表 2.1　高斯系数与高频截止频率对应关系

α 值	f/Hz
10	4.80
5	2.40
2.5	1.20
1.25	0.60
1.0	0.50
0.5	0.24
0.4	0.20
0.2	0.10

2.2.2　时间域反褶积

以径向接收函数 $u_R(t) \approx u_Z(t) * e_R(t)$ 为例：

定义误差能量：

$$\varepsilon = \sum_{t=-\infty}^{\infty} [u_Z(t) * e_R(t) - u_R(t)]^2 \tag{2.10}$$

为使其最小，应满足：

$$\frac{\partial \varepsilon}{\partial e_R(t)} = 0 \tag{2.11}$$

即：

$$\frac{\partial \varepsilon}{\partial e_R(\tau)} = \frac{\partial\{\sum_{t=-\infty}^{\infty}[\sum_{s=0}^{m} e_R(s)u_Z(t-s) - u_R(t)]^2\}}{\partial e_R(\tau)}$$
$$= 2\sum_{t=-\infty}^{\infty}[\sum_{s=0}^{m} e_R(s)u_Z(t-s) - u_R(t)]u(t-\tau) \tag{2.12}$$
$$= 0$$

对式(2.12)交换积分次序可得：

$$\sum_{s=0}^{m} e_R(s) \left[\sum_{t=-\infty}^{\infty} u_Z(t-s) u_Z(t-\tau) \right] = \sum_{t=-\infty}^{\infty} u_R(t) u_Z(t-\tau) \qquad (2.13)$$

即：

$$\sum_{s=0}^{m} e_R(s) \varphi_{ZZ}(\tau-s) = \psi_{RZ}(\tau) \qquad (2.14)$$

式中，φ_{ZZ} 表示 $u_Z(t)$ 的自相关，ψ_{RZ} 表示 $u_Z(t)$ 和 $u_R(t)$ 的互相关。基于自相关的对称性，上式可进一步写成如下形式：

$$\begin{bmatrix} \varphi_{ZZ}(0) & \varphi_{ZZ}(1) & \cdots & \varphi_{ZZ}(m) \\ \varphi_{ZZ}(1) & \varphi_{ZZ}(0) & \cdots & \varphi_{ZZ}(m-1) \\ \vdots & \vdots & \ddots & \vdots \\ \varphi_{ZZ}(m) & \varphi_{ZZ}(m-1) & \cdots & \varphi_{ZZ}(0) \end{bmatrix} \begin{bmatrix} e_R(0) \\ e_R(1) \\ \vdots \\ e_R(m) \end{bmatrix} = \begin{bmatrix} \psi_{RZ}(0) \\ \psi_{RZ}(1) \\ \vdots \\ \psi_{RZ}(m) \end{bmatrix} \qquad (2.15)$$

式(2.15)即为 Toeplitz 方程，通过迭代可以获得径向接收函数 $e_R(t)$。

2.2.3　数据预处理流程

接收函数的基本处理流程主要包括地震事件筛选、坐标旋转和反褶积处理。为满足近垂直入射条件和对数据信噪比的要求，实际一般要求计算 P 波接收函数的远震数据的震中距为 30°～90°。S 波接收函数对地震事件的挑选则相对复杂，这是因为直达 S 波、ScS 或 SKS 等震相均可在合适的震中距范围内提取 S 波接收函数[79]。当利用 S 波震相时，震中距一般限定为 55°～85°比较合适；当采用 SKS 震相时，只需要满足震中距大于 85°即可；当采用 ScS 震相时，有效震中距范围较小，为 55°～75°。

接收函数处理时，需要根据地震事件的背方位角[图 2.3(a)中 γ]，将三分量数据从 ZNE 坐标系旋转至 ZRT 坐标系。此外，还可以根据入射角[图 2.3(c) 中 i_α] 旋转至 LQT 坐标系[83]，从而使 P 波、SV 波和 SH 波分别完全投影到 L、Q 和 T 分量上。各坐标系间可按如下公式进行转换：

$$\begin{pmatrix} R \\ T \\ Z \end{pmatrix} = \begin{pmatrix} -\cos\gamma & -\sin\gamma & 0 \\ \sin\gamma & -\cos\gamma & 0 \\ 0 & 0 & 1 \end{pmatrix} \begin{pmatrix} N \\ E \\ Z \end{pmatrix} \qquad (2.16)$$

$$\begin{pmatrix} L \\ Q \\ T \end{pmatrix} = \begin{pmatrix} \cos i_\alpha & \sin i_\alpha & 0 \\ -\sin i_\alpha & \cos i_\alpha & 0 \\ 0 & 0 & 1 \end{pmatrix} \begin{pmatrix} Z \\ R \\ T \end{pmatrix} \qquad (2.17)$$

式中：LQT 坐标系最为理想，但 P 波入射角是由近地表 P 波速度结构控制的，而实际速度结构却是未知的，考虑到入射角并不大，因此一般直接使用 ZRT 坐标系。

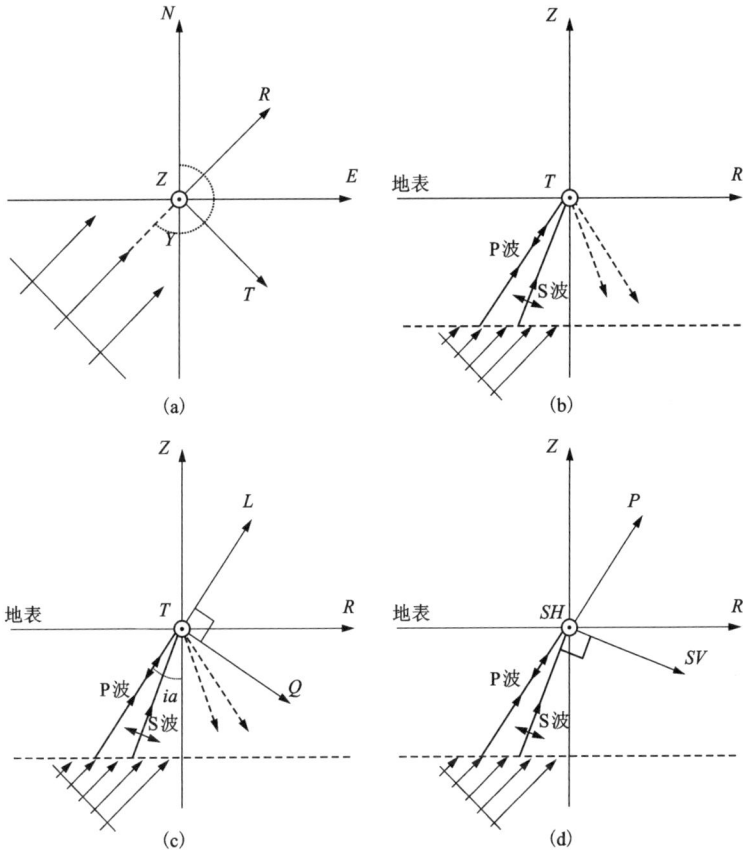

图 2.3　各坐标系之间的关系[83]

(a) 从西南部入射的远震波平面图；(b) 远震波入射的剖面图，入射波与虚线表示的水平界面发生相互作用，其中上行波和下行波(自由表面反射)分别用实线和虚线表示；(c) $L - Q - T$ 变换，其中 L 与上行 P 波平行，Q 则与该方向垂直；(d) $P - SV - SH$ 变换，其中 P 平行于上行 P 波，SV 垂直于上行 S 波，SH 平行于 T

2.3　转换震相走时与地壳厚度、泊松比估计

2.3.1　转换震相走时

给定层厚度为 H、层速度为 V_P 和 V_S 的均匀层。如图 2.1 所示，当入射 P 波由底部入射到该介质层时，层内将产生透射 P 波、P_s 转换波、二次反射和转换震相

P_PP_S、P_PS_S、P_SP_S 以及其他多次震相。根据地震走时的基本理论[84]，P 波、S 波在该层内的走时 T_P 和 T_S 分别为：

$$T_P = H \sqrt{\frac{1}{V_P^2} - p^2} \qquad (2.18)$$

$$T_S = H \sqrt{\frac{1}{V_S^2} - p^2} \qquad (2.19)$$

式中：p 表示射线参数（又被称为水平慢度），$p = \dfrac{\sin i_\alpha}{V_P}$，$i_\alpha$ 表示 P 波在地表的入射角。基于式(2.18)和式(2.19)，则 P_S、P_PP_S 和 P_PS_S 震相（P_SP_S 与 P_PS_S 走时相同）相对直达 P 波的走时为：

$$\Delta T_{P_S} = T_S - T_P$$
$$\Delta T_{P_PP_S} = T_S + T_P \qquad (2.20)$$
$$\Delta T_{P_PS_S} = 2T_S$$

已知 P 波和 S 波各自的入射角为 i、j（图 2.4），则其水平传播距离分别为：

$$x_P = H \cdot \cos i \cdot \sin i$$
$$x_S = H \cdot \cos j \cdot \sin j \qquad (2.21)$$

即

$$x_P = H \cdot p \cdot V_P \cdot \sqrt{1 - (V_P \cdot P)^2}$$
$$x_S = H \cdot p \cdot V_S \cdot \sqrt{1 - (V_S \cdot P)^2} \qquad (2.22)$$

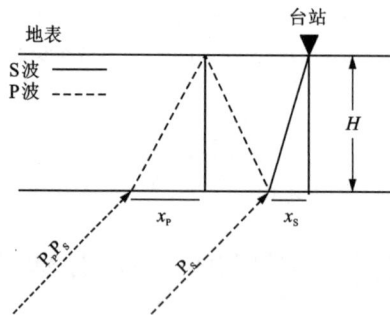

图 2.4　P 波和 S 波在介质层内的横向传播距离

对于一维连续速度模型，深度 z 处，各震相与直达 P 波的走时差为[85]：

$$t_{P_S}(z) = \int_0^z \left[\sqrt{\frac{1}{V_S(h)^2} - p^2} - \sqrt{\frac{1}{V_P(h)^2} - p^2} \right] dh$$

$$t_{P_pP_S}(z) = \int_0^z \left[\sqrt{\frac{1}{V_S(h)^2} - p^2} + \sqrt{\frac{1}{V_P(h)^2} - p^2} \right] dh \qquad (2.23)$$

$$t_{P_pS_S}(z) = 2\int_0^z \left[\sqrt{\frac{1}{V_S(h)^2} - p^2} \right] dh$$

相应地，深度 z 处的 P_S 转换点相较于接收台站的位置应为：

$$x_{P_S}(z) = \int_0^z \left[p \cdot V_S(h) \cdot \sqrt{1 - V_S(h)^2 p^2} \right] dh \qquad (2.24)$$

2.3.2　地壳厚度与泊松比估计

Moho 面作为地壳和地幔的边界，对其绝对厚度和横向变化的研究具有重要意义。Zhu 和 Kanamori(2000)基于接收函数的一次波和多次波特点，提出了 $H-\kappa$ 扫描方法来估计台站下方的地壳厚度和平均纵横波速度比(图 2.5)[71]。对于一维的单层地壳模型，令 $\kappa = V_P/V_S$，假定地壳平均 V_P 值不变，则式(2.23)可写为：

$$t_{P_S} = H \cdot \left(\sqrt{\kappa^2 - p^2 \cdot V_P^2} - \sqrt{1 - p^2 \cdot V_P^2} \right) / V_P$$

$$t_{P_pP_S} = H \cdot \left(\sqrt{\kappa^2 - p^2 \cdot V_P^2} + \sqrt{1 - p^2 \cdot V_P^2} \right) / V_P \qquad (2.25)$$

$$t_{P_pS_S + P_sP_S} = 2H \cdot \left(\sqrt{\kappa^2 - p^2 \cdot V_P^2} \right) / V_P$$

$H-\kappa$ 网格搜索的基本步骤为：给定 H 和 κ 各自可能的区间范围，通过一定的采样间隔获得二维的 $H-\kappa$ 网格；对于网格内任意一组 $H-\kappa$ 值，可基于式(2.25)计算三个震相与直达 P 波的到时差；从实际接收函数中提取三个震相对应时刻的振幅值；对三个震相的振幅值按一定的权重进行叠加。如果多次波发育，当多条接收函数按上述规则进行叠加后，搜索范围内的最大值即对应实际地壳厚度 H 和平均纵横波速度比 κ。各震相的叠加公式如下：

$$S(H, \kappa) = \omega_1 r(t_{P_S}) + \omega_2 r(t_{P_pP_S}) - \omega_3 r(t_{P_pS_S + P_sP_S}) \qquad (2.26)$$

式中：$r(t)$ 表示接收函数各震相的振幅值，ω_i 为权重系数，且 $\sum_{i=1}^{3} \omega_i = 1$。

$H-\kappa$ 算法的巧妙之处在于利用了地壳厚度对 V_P 不敏感，对 V_P/V_S 相对敏感的特点。研究表明，对于地壳厚度 H 为 30 km，V_P 为 6.3 km/s，V_P/V_S 为 1.73 的水平层状模型，当 ΔV_P 改变 0.1 km/s 时，引起的 ΔH 的变化小于 0.5 km/s，而当 $\Delta \kappa$ 变化 0.1 时，会引起 ΔH 约 4 km 的变化[71]。

地表的平均波速比能够揭示地壳的矿物化学组分[86]。此外，$H-\kappa$ 叠加所获取的波速比与泊松比之间存在以下关系：

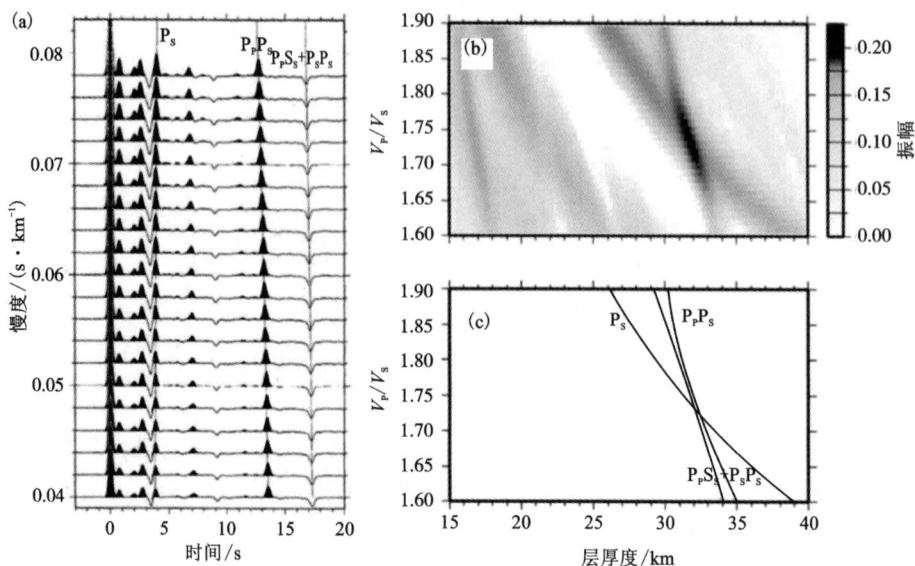

图 2.5 H-κ 扫描示意图[71]

(a)随射线参数 p 变化的径向接收函数；(b)基于图(a)中的接收函数获得的 H-κ 叠加结果；
(c)不同转换震相的理论 H-κ 关系

$$\sigma = \frac{1}{2} \frac{\kappa^2 - 2}{\kappa^2 - 1} \tag{2.27}$$

由此可估计台站下方地壳平均泊松比。

H-κ 误差估计的方法主要有两种。一种是 Zhu 和 Kanamori(2000)提出的基于能量函数在极值处泰勒展开的估计方法[71]：

$$\sigma_H^2 = 2\sigma_S / \frac{\partial^2 S}{\partial H^2}$$
$$\sigma_\kappa^2 = 2\sigma_S / \frac{\partial^2 S}{\partial \kappa^2} \tag{2.28}$$

式中：$S(H, \kappa)$、σ_S 分别为能量函数和标准差。

另一种是 Efron 和 Tibshirani(1986)提出的 Bootstrap 方法[87]。该方法采用有放回的随机抽样方式，每次重抽样都获得一组 H-κ 值，最后对 N 次抽样的 H 或 κ 集合求均方差：

$$\sigma = \sqrt{\frac{1}{N-1} \sum_{i=1}^{N} (x_i - \bar{x})} \tag{2.29}$$

式中：x_i 为第 i 次的采样结果，$\bar{x}$ 为平均采样结果，N 为采样次数。

2.4　接收函数叠加与共转换点偏移成像

2.4.1　动校正与接收函数叠加

Yuan 等(1997)发展了接收函数动校正技术[75]，从而消除不同震中距地震之间的慢度差异，实现了接收函数同相叠加，提高了信噪比，这对于地幔深部结构研究而言意义重大。通常以全球平均速度模型(如 IASP91 模型等)为参考做动校正即可，其误差一般小于 1 s，相较于转换震相的主频(4 s)可以忽略不计[85]。如果以水平慢度 p_0 为参考(可以是所有接收函数的平均值)，则根据式(2.25)可知，深度 z 处的 P_S 转换震相相对直达 P 波应做如下校正[75]：

$$\delta(z, p) = t_{P_S}(z, p) - t_{P_S}(z, p_0) \tag{2.30}$$

经过动校正后，即可实现接收函数的同相叠加。

2.4.2　共转换点叠加成像

当地震台阵较为密集时，可以利用接收函数共转换点(CCP)叠加成像或偏移成像来实现对二维或三维壳幔深部结构的研究。本书主要采用 Zhu Lupei 提出的 CCP 叠加成像方法[88]。这一方法需提供背景速度模型，当然也可以提供每个台站的速度模型以获得更准确的成像结果。该方法主要包括入射角校正和沿射线路径进行时深转换两步，其实质是将每个点都看成相应深度上的转换波。根据式(2.23)和(2.24)，此过程可表示为：

$$I_{P_S}[z, x_S(z)] = \sum_{(z, x_S \in S)} r_j[t_{P_S}(z)] \tag{2.31}$$

式中：$I(z, x)$ 为成像强度，$r_j(t)$ 为接收函数，j 为接收函数序号，$x_S(z)$ 为水平偏移距离，z 为深度，S 表示叠加单元的大小。图 2.6 为 CCP 叠加过程示意图。

背景速度模型和叠加单元 S 的大小是影响 CCP 叠加成像结果的两个主要因素，前者决定了射线追踪与时深转换的精度，后者决定了成像的分辨率和光滑程度。叠加单元的大小可以参考第一菲涅尔半径确定。菲涅尔带半径约为[73]：

$$D_F = \sqrt{2ZTV + \frac{T^2 V^2}{4}} = \sqrt{2\lambda Z + \frac{\lambda^2}{4}} \tag{2.32}$$

多次波震相也可以开展 CCP 叠加成像。与 P_S 震相类似，当假设接收函数全部是由 $P_P P_S$ 或 $P_P S_S$ 震相组成时，则有：

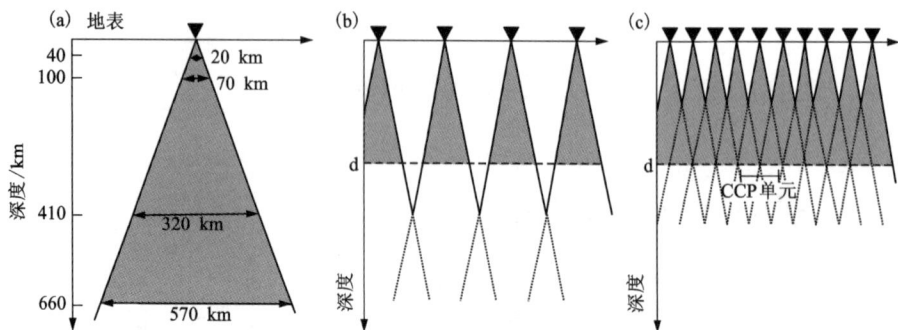

图 2.6　CCP 叠加示意图[83]

$$
I_{P_pP_S}[z, x_S(z)] = \sum_{(z, x_S \in S)} r_j[t_{P_pP_S}(z)]
$$

$$
I_{P_pS_S}[z, x_S(z)] = \sum_{(z, x_S \in S)} r_j[t_{P_pS_S}(z)]
$$

(2.33)

　　需要说明的是，CCP 叠加成像只是假定接收函数全部由某一种震相组成，并不能从真正意义上区分一次波和多次波。因此，正震相或负震相不能直接解释为高速间断面或低速间断面，特别是 15 km 以浅的上地壳和岩石圈地幔部分，而应该通过一次波和多次波成像结果的对照以及结合大量先验认识来确定主要震相的性质。

2.5　接收函数波形反演

　　利用接收函数可以反演台站下方 S 波速度结构，但是该反问题的非线性特征很强。针对这一问题，目前主要有三种思路：一种是将非线性问题线性化，如 Owens 等发展的时间域线性反演方法[69]，以及 Ammon 等发展的基于 Randall 算法的跳跃反演技术[65]；另一种是利用全局优化算法进行非线性反演，比如模拟退火法[89]和相邻算法[90, 91]等；还有一种则是通过联合反演或增加约束来降低反演结果的多解性，比如接收函数与频散曲线联合反演[92]、P 波与 S 波接收函数联合反演[93]、波形反演与 CCP 成像正演拟合相互结合[36]等。事实上，前两种处理方法可改进的空间已经很小，第三种思路应该是今后发展的趋势。

第 3 章 背景噪声成像研究方法

传统面波层析成像方法利用的是地震面波，但是受限于地震事件分布不均匀和高频信号不足的问题，其应用受到了很大限制。随着背景噪声成像技术的发展，地震学家可以直接从任意台站对的背景噪声互相关函数中提取面波信号，极大地促进了面波层析成像技术的发展。本章将对背景噪声成像方法的发展历史、基本原理等进行介绍。

3.1 背景噪声成像的发展历史

事实上，并非只有地震激发的地震波才包含地下介质信息，地震背景噪声也包含丰富的信息。对地震背景噪声的研究较早，Aki(1957)、Claerbout(1968)、Steve Cole(1987)、Duval 等(1993)、Lobkis 和 Weaver(2001)、Campillo 和 Paul(2003)、Snieder(2004)等一批先驱科学家先后对利用背景噪声互相关提取经验格林函数做了大量尝试和理论证明[94-99]。直至 2005 年，Shapiro 等对美国加州台阵的背景噪声数据做了研究，通过互相关计算来提取了群速度频散曲线，并获得了与实际构造单元一致的成像结果，证明了背景噪声成像技术的可靠性[100]。自此，背景噪声层析成像方法在壳幔深部结构研究中得到了广泛应用。

在地震学中，A、B 两点之间的格林函数相当于以 A 点为脉冲震源，在 B 点接收到的脉冲响应。其中面波能量很强，最容易提取，目前噪声成像主要观测的是基阶面波；体波信号较弱，提取相对困难，但已经有了很大进展[101-106]。除了对地震尾波或者背景噪声进行互相关可以得到有效信号，还可以通过互相关函数的尾波再做互相关继续重建格林函数[98,107]，其原理如图 3.1 所示。该方法的优势是，当两个台阵的观测时间没有交叉时，可以利用和这两个台阵都有时间交叉的第三方台阵来获得两者的互相关函数，从而提高射线路径覆盖程度。

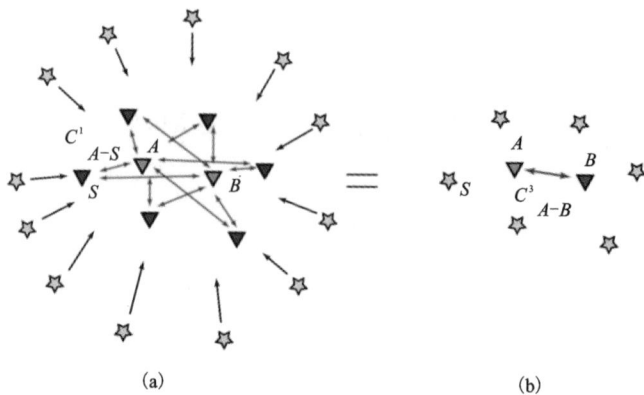

(a)   (b)

图 3.1   互相关函数(C^1)的尾波重建互相关函数(C^3)[108]

(a)台站 S 和台站 A、B 分别做互相关得到 $C^1(A, S)$ 和 $C^1(B, S)$；

(b)互相关函数 $C^1(A, S)$ 和 $C^1(B, S)$ 的尾波计算的互相关函数 $C^3(A, B)$

3.2   经验格林函数提取

3.2.1   经验格林函数提取的原理

虽然噪声信号的相位、振幅和传播方向都是随机的，但对于先后经过两个台站的同一条射线而言，其相位并未发生变化，只是时间上有延迟，因此两个台站接收到的信号是相关的[109]，其原理如图 3.2 所示。在各向同性的散射波场中，对两个台站的背景噪声做互相关，可以得到高质量的地震信号（经验格林函数）。背景噪声提取格林函数的实质是基于接收线附近传播的散射波的相长干涉。

对上述发现的理论证明有很多，以稳相近似理论[99]为例，该理论认为只有位于台站附近稳相区域的噪声源才对经验格林函数的提取有贡献，图 3.3 为该理论的示意图（灰色区域表示稳相区域）。

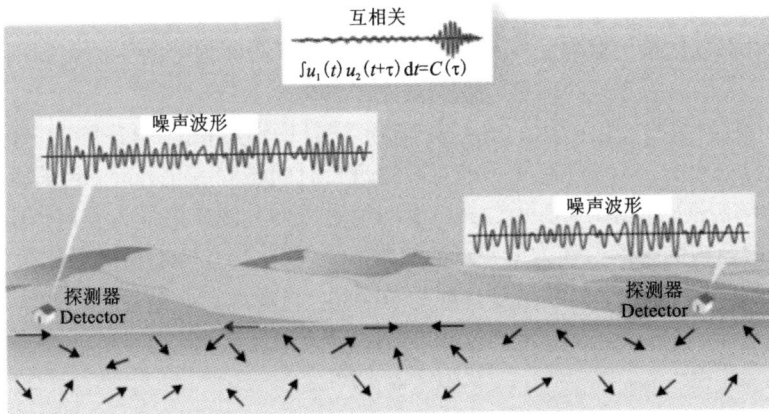

图 3.2 利用噪声互相关提取经验格林函数示意图[109]

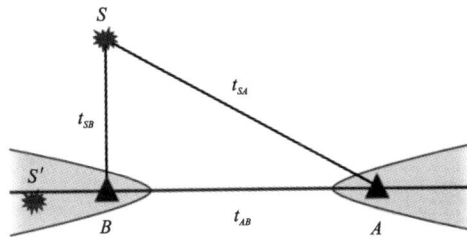

图 3.3 稳相近似理论示意图[110]

3.2.2 单台连续波形预处理

在对台站间的波形数据做互相关计算之前, 需要进行如下预处理[111]:

(1) 重采样: 由于不同仪器记录的采样率不同、可有效利用的信号频段不同, 以及为了尽量减少计算量, 需要对实际数据进行重采样。理论上, 只需要满足采样定理即可, 即采样率是所关注信号最高频率的两倍以上。

(2) 去仪器响应: 不同地震仪对不同频率信号的响应是不同的, 特别是低频部分其振幅和相位会发生很大变化。因此使用不同仪器数据进行互相关计算之前需要去除仪器响应。如果使用的仪器都相同则无需去除仪器响应。

(3) 去倾斜分量、去均值: 该步骤主要是为了去除仪器在记录过程中的零漂, 并将均值变为零, 从而避免滤波过程中产生假频等。

（4）截取时间长度：为了保证一定的叠加次数，需要对连续地震记录按一定的时间长度进行截取，对于记录时间较长且低频信号比较充分的宽频带台阵记录，可以将数据按天截取；对于记录时间较短且以高频信号为主的短周期密集台阵记录，可以将数据按小时截取。

（5）时间域归一化：为了去除连续波形记录中地震信号、仪器畸变和非稳定噪声源等的影响，需要在互相关前对数据进行时间域归一化处理，目前常用的方法主要有 5 种，如图 3.4 所示。其中滑动绝对平均方法应用最为普遍，其原理是将移动时窗内的平均值作为中心点的权重，如式（3.1）所示，再对原始数据 S_j 按式（3.2）进行归一化。时窗长度一般为 50～80，与噪声频率相关[112]。

$$w_n = \frac{1}{2N+1}\sum_{n-N}^{n+N}|S_j| \tag{3.1}$$

$$\hat{S}_n = \frac{S_n}{w_n} \tag{3.2}$$

（6）频谱白化：即频率域内的归一化，可以有效压制单一频带信号的干扰。图 3.5（a）、图 3.5（b）为频谱白化处理前后结果的对比。

经上述预处理后，即可对台站对间的波形数据做互相关，再将每段时间的互相关函数进行叠加，最后得到高信噪比的叠加结果。

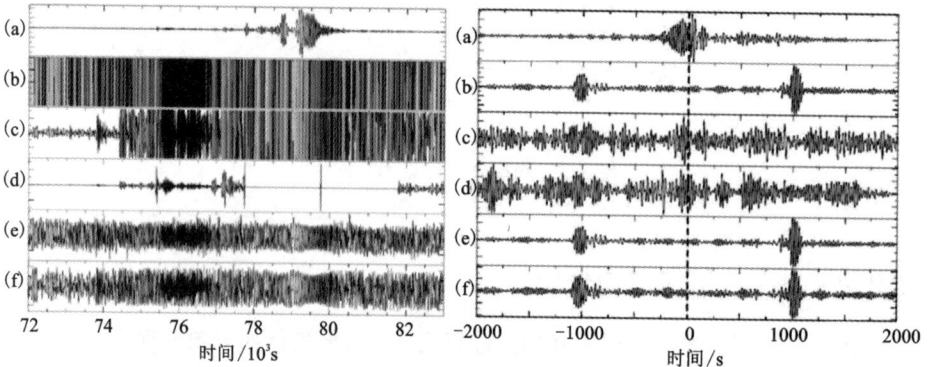

图 3.4　时间域归一化示例[111]

图 3.4 左侧为波形数据处理结果；右侧为对应的互相关结果。（a）为原始数据；（b）～（f）分别为"one-bit"方法、剪切阈值法、自动检测去除地震法、滑动绝对平均法和水准量迭代归一化法的处理结果。

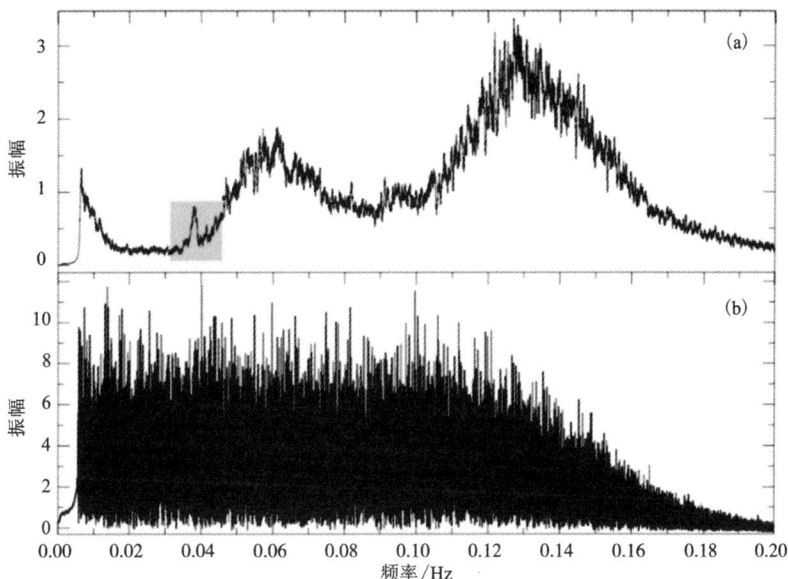

图 3.5　频谱白化示例[111]

（a）经时间域归一化后波形的振幅谱；（b）经过频谱白化后波形的振幅谱

3.2.3　由互相关函数提取经验格林函数

对于两个台站 A、B，其背景噪声互相关函数 $C(t)$、经验格林函数 $\hat{G}(t)$ 与真实格林函数 $G(t)$ 之间的关系为[113]：

$$\frac{\mathrm{d}C_{AB}(t)}{\mathrm{d}t} = -\hat{G}_{AB}(t) + \hat{G}_{BA}(-t) \approx -G_{AB}(t) + G_{BA}(-t) \quad (3.3)$$

因噪声源的非均匀性和频谱特性，经验格林函数与真实格林函数存在一定的差异[101, 114]。式中，$G_{AB}(t)$ 表示 A 点激发 B 点接收的格林函数，$G_{BA}(-t)$ 表示 B 点激发 A 点接收的格林函数。互相关函数 $C_{AB}(t)$ 可以表示为：

$$C_{AB}(t) = \int_0^{t_c} S_A(\tau) S_B(t+\tau) \mathrm{d}\tau \quad (3.4)$$

式中：$S_A(\tau)$、$S_B(\tau)$ 为台站 A、B 的地震记录，t_c 是互相关长度。经验格林函数的振幅误差一般较大，对群速度测量影响较大，但相位比较准确，即相速度的误差较小。

3.2.4　噪声源分布对格林函数的影响

理想情况下，噪声源分布越均匀，越有利于利用互相关提取经验格林函数。

但实际上噪声源的来源、时间和空间分布都有很强的非均匀性,因此有必要了解噪声源的非均匀性对格林函数提取的影响。地震背景噪声来源复杂,包括由人类活动引起的噪声(偏高频,一般高于 1 Hz[115])、海洋与地球相互作用引起的地脉动(频带范围为 5~20 s[116]),以及海洋、海底和大气相互作用引起的地球翁鸣(偏低频,周期大于 100 s[117])等。

互相关函数的正、负两支代表了两个相向传播的波。噪声源的非均匀性会直接影响正、负两支的对称性,当然这主要体现在振幅上,能量越强的一侧产生的信号振幅越大,但其相位始终是相同的(图 3.6)[118]。实际操作时,可以将两支对称叠加[111]或延长观测时间[112]来压制噪声非均匀性造成的影响,使噪声源的分布尽可能具备均匀性和随机性;而如果利用这种振幅差异性则可以研究噪声源的来源和分布特征等[119, 120]。

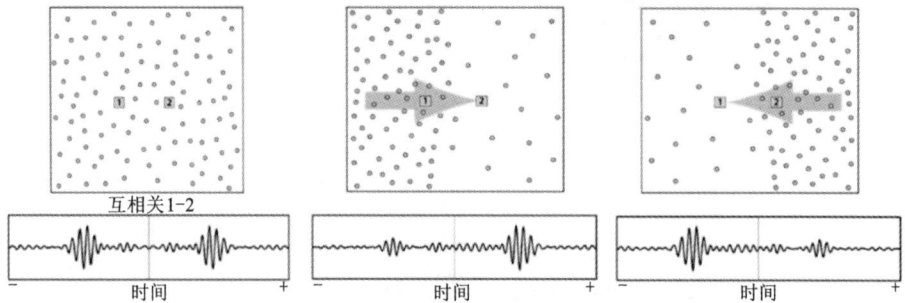

图 3.6 噪声源非均匀性对互相关函数的影响[118]

3.3 面波频散曲线提取

面波频散指的是不同周期的面波传播速度不一致的现象,可分为群速度频散和相速度频散。相速度指特定周期的相位的传播速度,群速度指波形包络的传播速度(图 3.7)。将两个简谐波进行叠加:

$$u = \cos(\omega_1 t - k_1 x) + \cos(\omega_2 t - k_2 x) \tag{3.5}$$

式中:

$$\omega_1 = \omega + \delta\omega,\ \omega_2 = \omega - \delta\omega,\ \omega \gg \delta\omega \tag{3.6}$$

$$k_1 = k + \delta k,\ k_2 = k - \delta k,\ k \gg \delta k$$

则式(3.5)可写为：

$$u = 2A\cos(\delta\omega t - \delta k x)\exp[\mathrm{i}(\omega t - kx)] \tag{3.7}$$

式中：$\omega = 2\pi f$ 表示频率，$k = 2\pi/\lambda$ 表示波数，那么群速度可以表示为 $U = \dfrac{\delta\omega}{\delta k}$，相

速度可以表示为 $c = \dfrac{\omega}{k}$，群速度和相速度之间的关系可以进一步整理得到：$U(\omega)$

$= c(\omega) + k\dfrac{\mathrm{d}c(\omega)}{\mathrm{d}k}$。

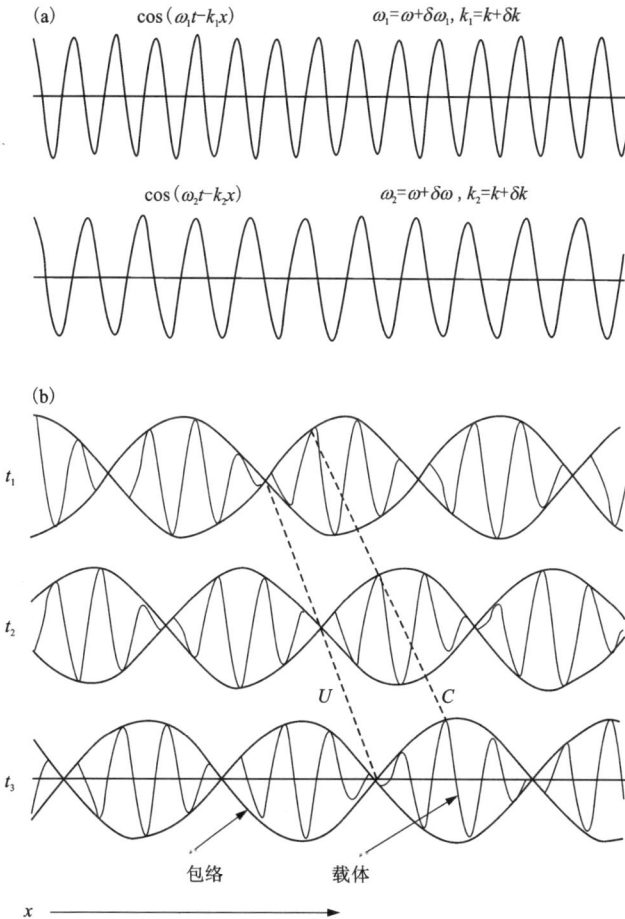

图 3.7　群速度(b)和相速度(a)示意图

3.3.1 群速度频散曲线提取

如图 3.7 所示,直接从图中提取群速度频散曲线的方法称为峰谷法。随着滤波技术的发展,又发展了时变滤波方法[121]、时窗分析法[122]、多重滤波法[123] 和相位匹配滤波法[124] 等。最后两种方法比较常用,下面对其基本原理进行简介:

1)多重滤波法

首先将信号 $s(t)$ 从时间域变换到频率域 $S(\omega)$:

$$S(\omega) = \int_{-\infty}^{+\infty} s(t) \, \mathrm{e}^{-\mathrm{i}\omega t} \mathrm{d}t \tag{3.8}$$

并在频率域定义解析信号为:

$$S_a(\omega) = S(\omega) [1 + \mathrm{sgn}(\omega)] \tag{3.9}$$

对式(3.9)表示的信号施加一个高斯滤波器:

$$G(\omega - \omega_0) = \exp\left[-\alpha\left(\frac{\omega - \omega_0}{\omega_0}\right)^2\right] \tag{3.10}$$

式中:ω_0 为中心频率,α 为高斯系数,其值与滤波器的带宽呈负相关。信号 $S_a(\omega)$ 经高斯滤波后为:

$$S_a(\omega, \omega_0) = S(\omega) [1 + \mathrm{sgn}(\omega)] G(\omega - \omega_0) \tag{3.11}$$

对上式做反傅里叶变换,可得:

$$S_a(t, \omega_0) = s(t, \omega_0) + \mathrm{i}H(t, \omega_0) = |A(t, \omega_0)|\exp[\mathrm{i}\varphi(t, \omega_0)] \tag{3.12}$$

式中:$s(t)$ 为滤波结果,$|A(t, \omega_0)|$、$\varphi(t, \omega_0)$ 分别为该信号相应的包络和瞬时相位,$H(t, \omega_0)$ 是 $s(t, \omega_0)$ 的希尔伯特(Hilbert)变换。与包络 $|A(t, \omega_0)|$ 的最大值对应的群走时 $t_{\mathrm{gr}}(\omega_0)$ 即为群速度频散曲线:

$$U(\omega) = \frac{\Delta}{t_{\mathrm{gr}}(\omega)} \tag{3.13}$$

式中:Δ 为震中距。最后,在如图 3.8 所示的周期-速度图上测量群速度频散曲线。

2)相位匹配滤波法

将信号 $s(t)$ 与函数 $f_{\mathrm{P}}(t)$ 做互相关:

$$s(t) \otimes f_{\mathrm{P}}(t) \xrightarrow{\text{FFT}} |S(\omega)||F_{\mathrm{P}}(\omega)\exp\{\mathrm{i}[\sigma(\omega) - \varphi_{\mathrm{P}}(\omega)]\}| \tag{3.14}$$

式中:$\sigma(\omega)$、$\varphi_{\mathrm{P}}(\omega)$ 分别为 $s(t)$ 与 $f_{\mathrm{P}}(t)$ 的相位。当 $\sigma(\omega) = \varphi_{\mathrm{P}}(\omega)$ 时,$f_{\mathrm{P}}(t)$ 称为信号 $s(t)$ 的相位匹配滤波器。此时,上式写为:

$$s(t) \otimes f_{\mathrm{P}}(t) \xrightarrow{\text{FFT}} |S(\omega)||F_{\mathrm{P}}(\omega)| \tag{3.15}$$

即互相关函数的频谱为零相位,振幅仅与 $|F_{\mathrm{P}}(\omega)|$ 有关,含三种情况:

$|F_{\mathrm{P}}(\omega)| = S(\omega)$ 时,互相关为自相关,此时信噪比较高;

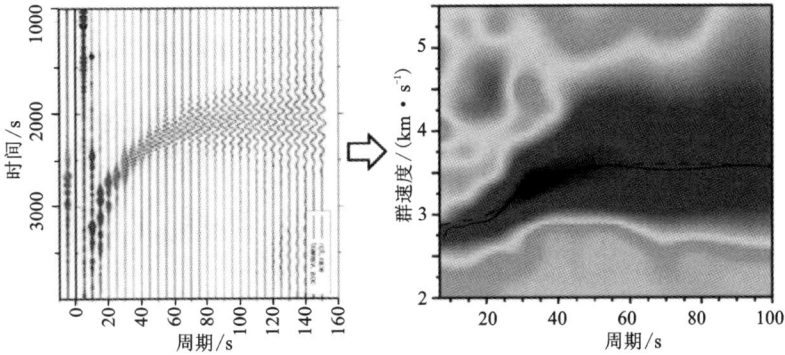

图 3.8　多重滤波方法测量群速度频散

左图为窄带滤波获得的频率-时间图，右图则变换到频率-速度图谱

$|F_P(\omega)| = \dfrac{1}{S(\omega)}$ 时，互相关为脉冲函数，具有很高的时间分辨率，但在频率域的分辨率降低；

$|F_P(\omega)| = 1$ 时，互相关结果的信噪比和时间分辨率得到兼顾。

该方法的具体实现主要包含对信号的压缩、抽取和展开三部分，这里不再赘述，可以详见参考文献[125]。图 3.9 为一示例，结果显示采用相位匹配滤波方法可以显著提高信噪比，与多重滤波方法配合就可以实现对基阶群速度频散曲线的高精度测量。

3.3.2　相速度频散曲线提取

Yao 等[113]指出：远场格林函数中基阶面波的同频简谐波可以表示为：

$$\mathrm{Re}\left[G_{AB}(\omega)\exp(-\mathrm{i}\omega t)\right] \approx (8\pi kS)^{-1/2}\cos\left(k_{AB}\Delta - \omega t + \frac{\pi}{4}\right) \tag{3.16}$$

式中：$k_{AB} = \dfrac{1}{\Delta}\displaystyle\int_0^\Delta k\mathrm{d}\Delta = \dfrac{\omega}{c_{AB}}$ 为 A 点激发 B 点接收的平均圆波数，Δ 表示震中距，c_{AB} 为平均相速度，S 为几何扩散。当相速度走时满足：

$$k_{AB}\Delta - \omega t + \frac{\pi}{4} = 0 \tag{3.17}$$

对应一个波峰，相应频率 ω 处的平均相速度为：

$$c_{AB}(T) = \frac{\Delta}{t - T/8} \tag{3.18}$$

式中：$T = 2\pi/\omega$。一般远场假设要求：

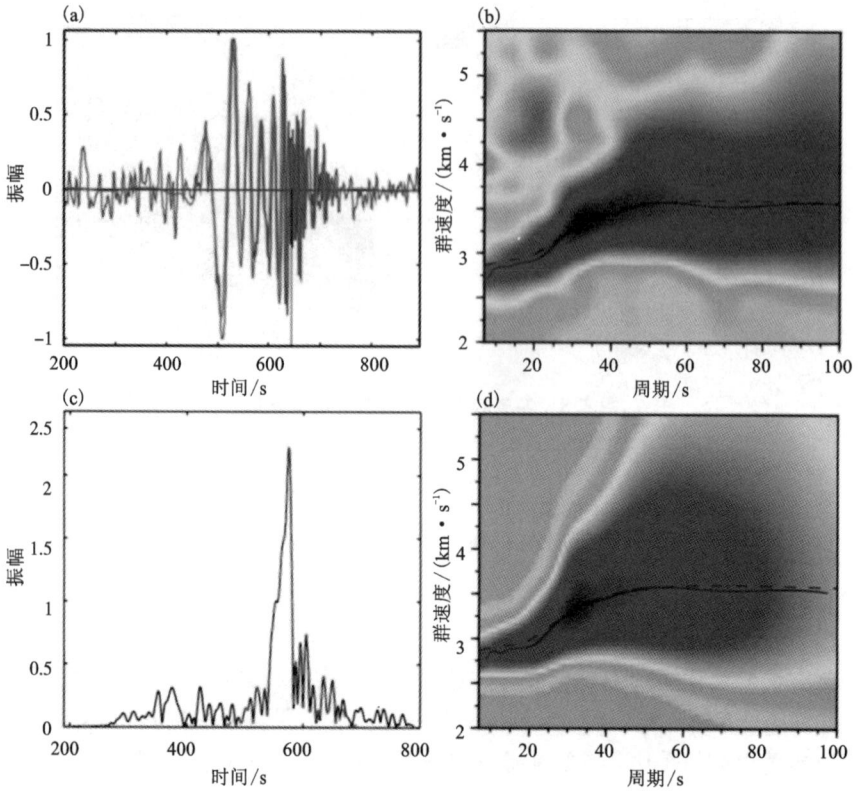

图 3.9 相位匹配滤波方法测量群速度频散示例[111]

$$c_{AB} \cdot T = \lambda \leqslant \Delta/3 \tag{3.19}$$

本研究采用 Yao 等提出的图像变化技术[113]来测量相速度频散曲线：

(1)首先，对经验格林函数 $\hat{G}_{AB}(t)$ 进行窄带滤波，得到：

$$y(t, T_C) = [\hat{G}_{AB}(t) \times w(t, T_C)] \times h(t, T_C) \tag{3.20}$$

式中：$h(t, T_C)$ 为加 Kaiser 窗的有限冲击响应窄带滤波器，t 为时间，T_C 为窄带滤波的中心周期，$w(t, T_C)$ 为可变宽度移动时窗：

$$w(t, T_C) = \begin{cases} 1 & , t_g(T_C) - nT_C < t < t_g(T_C) + nT_C \\ \cos\left[\pi \times \dfrac{|t - t_g(T_C)| - nT_C}{T_C}\right] & , -T_C/2 < |t - t_g(T_C)| - nT < T_C/2 \\ 0 & 其他 \end{cases} \tag{3.21}$$

式中：n 为移动窗半宽系数，一般取 2~4。

（2）经窄带滤波和归一化处理后，可以获得周期-走时矩阵 $A(T, t)$，再利用式（3.18）变换得到周期-相速度矩阵 $A(T, c_{AB})$ 就可以提取相速度频散曲线了，图 3.10 所示为一应用实例。

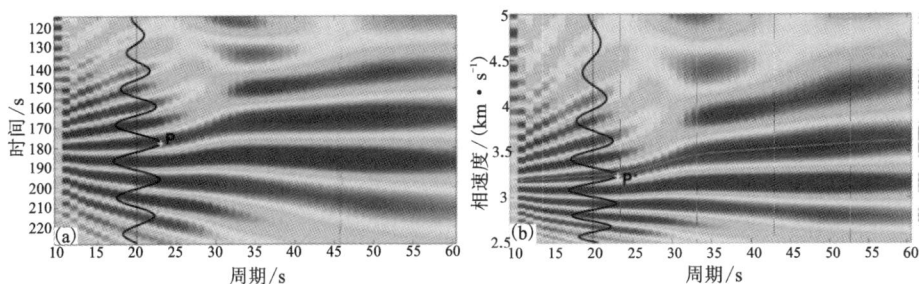

图 3.10　图像变化技术在相速度频散曲线测量中的应用[113]

（a）周期-走时（T-t）图；（b）周期-相速度（T-c_{AB}）图；

图中黑线对应周期 T = 20 s 时的经过窄带滤波后的经验格林函数

3.3.3　频散曲线质量控制

实际提取的频散曲线的质量是后续反演成像的基础，一般可以采取以下准则进行控制：①满足远场假设；②较高的信噪比；③不同时间段的相似性；④相近路径段的相似性；⑤平滑性准则。

（1）满足远场假设

为满足远场假设，早期提出的标准一般要求台间距大于 3 倍波长[111]。后来随着背景噪声成像技术的普及，发现台间距大于 1.5 倍波长[126]，乃至 1 倍波长[127]也可以获得较好的频散数据。

（2）较高的信噪比

理论上当有 n 个台站时，就有 $n(n-1)/2$ 条混合路径频散曲线。然而不同台站对、不同周期的数据质量不同，并不能保证所有数据均可靠。通过计算信噪比则可以定量地进行有效筛选，信噪比的定义为：有效信号窗内的最大值除以噪声窗内的均方差。信号窗的走时区间可以依据台间距、经验速度区间进行估计。

（3）不同时间段的相似性

理想情况下，不同时间段噪声互相关获得的频散曲线应该是相似的，尽管季节性噪声源变化会对结果有一定的影响，但对于明显不同的频散曲线应予以剔除，以排除由波形记录不正常引起的误差。

(4)相近路径段的相似性

面波周期长,其相速度或群速度是对地下介质的综合响应,因此相邻台站对间的频散曲线变化是比较平缓的。当某一台站对的频散曲线明显不同时,应考虑予以剔除。当然,对于长周期信号和短周期信号该标准可以有所不同,由于地表介质复杂、速度变化剧烈,提取短周期频散曲线时可以适当放宽标准。

(5)平滑性准则

这一标准很难进行量化,但却是提取频散曲线的重要参考。每个周期的面波相速度或群速度均是对地下一定深度范围内介质结构的整体响应[121],因而其频散曲线是平滑的。然而实际由于观测误差、特定速度结构造成的基阶和高阶面波能量跳跃等影响,往往会遇到频散曲线不连续的情况。通过自定义速度梯度(相速度或群速度随周期变化的速度梯度)可以有效剔除部分跳变的频散曲线。

3.4 面波层析成像

基于天然地震面波或背景噪声互相关,直接测量得到的均是混合路径频散曲线,需要通过反演才能获得每个网格点的纯路径频散。传统理论一般假设面波沿地球大圆路径传播,那么 A 点激发 B 点接收后的相位变化为:

$$\delta\varphi = \omega \int_{L(A, B)} \frac{\mathrm{d}s}{c(s)} \quad (3.22)$$

式中: $L(A, B)$ 为 A、B 间的路径, $\mathrm{d}s$ 为线元, $c(s)$ 为相速度, φ 为相位, ω 为圆频率。相位扰动与速度扰动的关系为:

$$\delta\varphi = -\omega \int_{L(A, B)} \frac{\delta_c \mathrm{d}s}{c^2(s)} \approx -\frac{\omega}{c_0^2} \int_{L(A, B)} \delta_c \mathrm{d}s \quad (3.23)$$

式中: c_0 是平均相速度, δ_c 为速度扰动。上式即为面波层析成像的理论基础。

本研究采用一种区域化成像方法,可同时反演相速度和方位各向异性[128, 129],根据其基本原理,相速度与频率 ω、区域大小 M、方位角 Ψ 的关系为:

$$c(\omega, M, \Psi) = c_0(\omega)[1 + a_0(\omega, M) + a_1(\omega, M)\cos2\Psi + a_2(\omega, M)\sin2\Psi]$$

$$(3.24)$$

式中: $c_0(\omega)$ 为参考相速度, a_0 和 $a_i(i=1, 2)$ 分别为各向同性和方位各向异性系数,由测量误差 σ_d、模型误差 σ_P、相关长度 L_c 控制。

3.5　S 波速度结构反演

3.5.1　基于纯路径频散曲线反演

基于 3.4 节的相速度或群速度面波层析成像，就可以获得每个网格点下方不同周期纯路径频散曲线，通过一维频散曲线拟合就可以反演获得相应的 S 波速度结构。具体如下：假设模型为 $\boldsymbol{x} = (x_1, x_2, \cdots, x_n)^{\mathrm{T}}$，观测数据为 $\boldsymbol{y}^{\mathrm{obs}} = (y_1^{\mathrm{obs}}, y_2^{\mathrm{obs}}, \cdots, y_m^{\mathrm{obs}})$。对于初始模型 $\boldsymbol{x}^0$，相应的理论数据为：

$$\boldsymbol{y}^{\mathrm{mod}}(\boldsymbol{x}^0) = [y_1^{\mathrm{mod}}(x^0), y_2^{\mathrm{mod}}(x^0), \cdots, y_m^{\mathrm{mod}}(x^0)] \tag{3.25}$$

对理论数据进行一阶泰勒展开，略去高阶项，则：

$$
\begin{aligned}
y_1^{\mathrm{mod}}(x) &= y_1^{\mathrm{mod}}(x_0) + \sum_{j=1}^{n} \left(\frac{\partial y_1^{\mathrm{mod}}}{\partial x_j}\right)_{x_0} \Delta x_j \\
y_2^{\mathrm{mod}}(x) &= y_2^{\mathrm{mod}}(x_0) + \sum_{j=1}^{n} \left(\frac{\partial y_2^{\mathrm{mod}}}{\partial x_j}\right)_{x_0} \Delta x_j \\
&\vdots \\
y_m^{\mathrm{mod}}(x) &= y_m^{\mathrm{mod}}(x_0) + \sum_{j=1}^{n} \left(\frac{\partial y_m^{\mathrm{mod}}}{\partial x_j}\right)_{x_0} \Delta x_j
\end{aligned}
\tag{3.26}
$$

写成矩阵形式为：

$$\boldsymbol{Y}^{\mathrm{mod}}(\boldsymbol{X}) = \boldsymbol{Y}^{\mathrm{mod}}(\boldsymbol{X}_0) + \boldsymbol{A}\Delta\boldsymbol{X} \tag{3.27}$$

式中：$\boldsymbol{A}$ 为偏导数系数矩阵，$\Delta\boldsymbol{X}$ 为模型修正量。相应的残差向量可表示为：

$$\boldsymbol{\varepsilon}(\boldsymbol{X}) = \boldsymbol{Y}^{\mathrm{obs}} - \boldsymbol{Y}^{\mathrm{mod}}(\boldsymbol{X}) = \boldsymbol{Y}^{\mathrm{obs}} - \boldsymbol{Y}^{\mathrm{mod}}(\boldsymbol{X}_0) - \boldsymbol{A}\Delta\boldsymbol{X} \tag{3.28}$$

假设 $\boldsymbol{b} = \boldsymbol{Y}^{\mathrm{obs}} - \boldsymbol{Y}^{\mathrm{mod}}(\boldsymbol{X}_0)$ 表示观测值与理论值之差，则上式写为：

$$\boldsymbol{A}\Delta\boldsymbol{X} = \boldsymbol{b} - \boldsymbol{\varepsilon}(\boldsymbol{X}) \tag{3.29}$$

再通过反演迭代更新模型修正量，使残差向量 $\boldsymbol{\varepsilon}(\boldsymbol{X})$ 最小，最终得到最优速度模型 $\boldsymbol{X}$。

3.5.2　基于混合路径频散曲线反演

传统的面波成像分为两步，首先需要将每个周期的混合路径频散反演得到纯路径频散，然后基于每个网格点下方的纯路径频散曲线反演得到一维 S 波速度结构，最后组合构建三维速度模型。其缺点是只能基于大圆路径假设，无法考虑实际复杂速度结构下射线路径的弯曲变化。

据此，Fang 等[55]提出了一种基于混合路径频散曲线的直接反演法，该方法的实质是：①基于三维初始 S 波速度模型正演不同周期的相速度；②在相速度域利用射线追踪方法对不同台站对之间不同周期的射线路径进行优化；③基于最优射线路径开展混合路径频散曲线到纯路径频散曲线的反演；④基于纯路径频散曲线反演每个网格点下方的 S 波速度结构；⑤返回第一步，并反复迭代，直至满足精度要求。该方法的优化过程如图 3.11 所示。

由于近地表介质速度结构复杂，因此直接反演法在开展短周期面波成像时具有一定的优势，但该方法对初始速度模型要求较高，且无法对每个周期的反演过程进行差异化的控制，当初始速度模型不准确或观测数据质量较差时很难获得比较理想的反演结果。对于深部结构而言，由于其速度结构变化较缓，因此大圆路径假设依然成立，两步法仍然有自身的优势，因此可以和一步法配合使用。

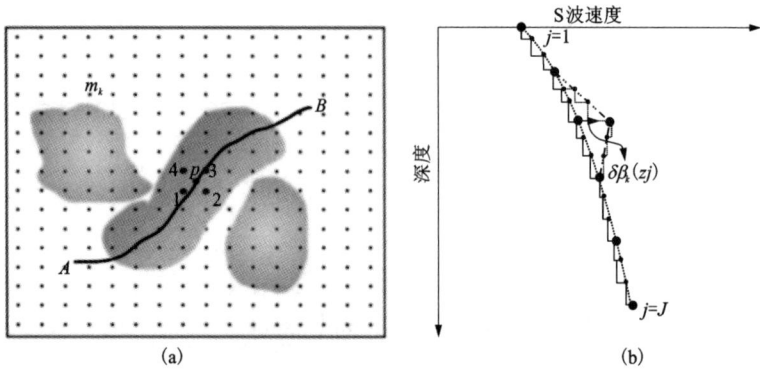

图 3.11 直接反演法示意图[55]
(a)水平面内的模型参数化与射线追踪；(b)垂向速度模型参数化与模型优化

3.6 频散曲线与接收函数联合反演

面波频散对绝对 S 波速度敏感，但分辨率低，难以刻画精细速度间断面；接收函数对速度间断面敏感，但难以约束绝对 S 波速度。因此，利用频散曲线和接收函数联合反演可以更好地约束地下介质结构。Juliá 等[92]详细论述了联合反演的可行性及其实现过程，简要叙述如下：

首先，正演问题可以表述为

$$y = F(x) \tag{3.30}$$

式中：y 为观测值，x 为模型参数，F 为非线性正演算子。层厚固定的情况下，参数只包含每层的 S 波速度。对上式线性化并进行迭代求解：

$$\delta y = \nabla F \big|_{x_n} \cdot \delta x_n$$
$$x_{n+1} = x_n + \delta x_n \tag{3.31}$$

式中：$\delta x_n = x - x_n$ 为速度扰动量，δy 为残差，$\nabla F \big|_{x_n}$ 为线性反演算子。构建如下形式的最小二乘意义下的目标函数来进行迭代求解。

$$\varphi = \| \delta y - \nabla F \big|_{x_n} \cdot \delta x_n \|^2 + \theta^2 \| \boldsymbol{D} \cdot \delta x_n \|^2 \tag{3.32}$$

该式前半部分为数据误差项，后半部分为正则化项，θ^2 为阻尼系数，矩阵 $\boldsymbol{D}$ 为：

$$\boldsymbol{D} = \begin{bmatrix} 1 & -1 & 0 & \cdots & 0 \\ 0 & 1 & -1 & \cdots & 0 \\ 0 & 0 & 1 & \cdots & 0 \\ \vdots & \vdots & \vdots & \ddots & \vdots \\ 0 & 0 & 0 & \cdots & 1 \end{bmatrix} \tag{3.33}$$

式(3.32)为通用形式，联合反演的数据误差项具体可以表示为：

$$E_{y|z} = \frac{p}{N_y} \sum_{i=1}^{N_y} \left(\frac{y_i - \sum_{j=1}^{M} Y_{ij} x_j}{\sigma_{y_i}} \right)^2 + \frac{1-p}{N_z} \sum_{i=1}^{N_z} \left(\frac{z_i - \sum_{j=1}^{M} Z_{ij} x_j}{\sigma_{z_i}} \right)^2 \tag{3.34}$$

式中：$0 < p < 1$，表示相对系数。y_i 和 z_i 分别为频散和接收函数的数据残差，Y_{ij} 和 Z_{ij} 为相应的偏微分方程，N_y、N_z 为相应的观测点数，σ_{y_i}、σ_{z_i} 为相应的协方差。上式可进一步写成如下矩阵形式：

$$\begin{bmatrix} \alpha_1 y_1 \\ \vdots \\ \alpha_{N_y} y_{N_y} \\ \beta_1 z_1 \\ \vdots \\ \beta_{N_z} z_{N_z} \end{bmatrix} = \begin{bmatrix} \alpha_1 Y_{11} & \alpha_1 Y_{12} & \cdots & \alpha_1 Y_{1M} \\ \vdots & \vdots & \ddots & \vdots \\ \alpha_{N_y} Y_{N_y 1} & \alpha_{N_y} Y_{N_y 2} & \cdots & \alpha_{N_y} Y_{N_y M} \\ \beta_1 Z_{11} & \beta_1 Z_{12} & \cdots & \beta_1 Z_{1M} \\ \vdots & \vdots & \ddots & \vdots \\ \beta_{N_z} Z_{N_z 1} & \beta_{N_z} Z_{N_z 2} & \cdots & \beta_{N_z} Z_{N_z M} \end{bmatrix} \begin{bmatrix} x_1 \\ x_2 \\ \vdots \\ x_M \end{bmatrix} \tag{3.35}$$

式中：$\alpha_i^2 = \dfrac{p}{N_y \sigma_{yi}^2}$，$\beta_i^2 = \dfrac{1-p}{N_z \sigma_{zi}^2}$。目前，该方法已经被应用于比较成熟的 CPS330 软件[130]。

第4章　胶东地区地壳结构成像

本章基于布设在同一位置的一条短周期密集台阵剖面和一条宽频带台阵剖面,分别开展了接收函数和背景噪声成像研究。短周期密集台阵接收函数由于台间距小,可以获得高分辨率的地壳精细结构,但是其记录时间短,高信噪比的远震事件有限,因此可以通过宽频带台阵接收函数来检验其成像结果的稳健性。宽频带台阵尽管台间距相对较大,但可以有效记录低频信号,在开展接收函数的多次波分析和地幔深部间断面研究,以及利用长周期面波信号研究壳幔深部结构方面具有明显优势。总之,不同数据、不同方法之间的组合不是简单重复,而是可以实现交叉验证和优势互补。

4.1　数据来源

2017 年 3—4 月,笔者在山东省胶东地区,跨胶北隆起、胶莱盆地和苏鲁造山带布设了一条 NWW—SEE 向的短周期密集台阵剖面[图 4.1(b),倒三角]。该剖面西起三山岛东至乳山,全长 170 km,共计 340 个台站,平均台间距 500 m,获得了连续 35 天的三分量地震记录,原始数据采样率为 100 Hz。所采用的便携式地震仪包括集成化的数字采集系统和拐角频率为 2.5 Hz 的检波器。

2017 年 9 月至今,笔者在与上述短周期台阵相同的位置布设了一条宽频带台阵剖面[图 4.2(b),红色倒三角],共计 20 个台站,平均台间距 9 km,目前已经获得了连续 30 个月的三分量地震记录,原始数据采样率为 40 Hz。所采用的宽频带地震仪包括 Reftek-130 数据采集器和周期范围为 0.02~30/60 s 的 CMG-3ESP 地震计。另外,笔者还利用了几个区域固定台的数据(2017 年 1 月至 2018 年 11 月)作为重要补充[图 4.2(b),粉色三角形]。

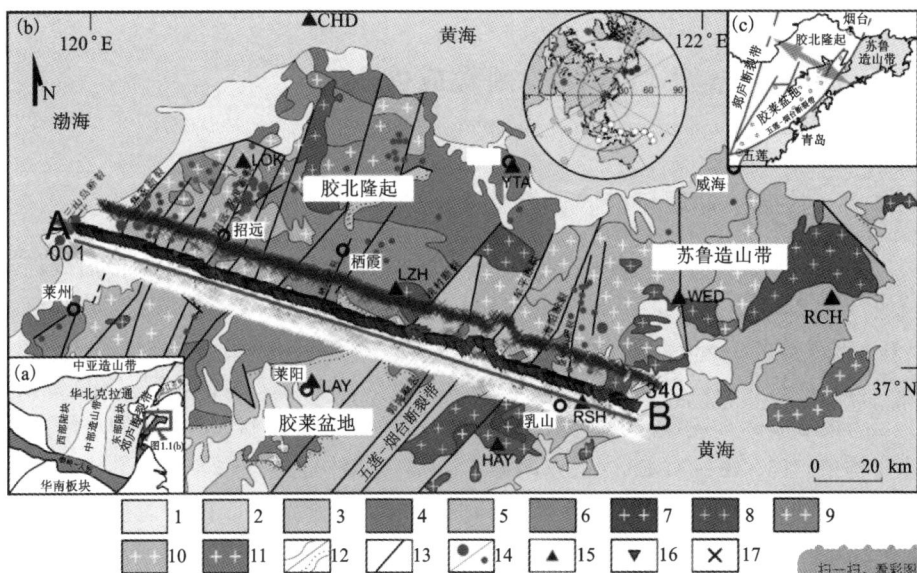

图 4.1　胶东短周期地震台站分布

图例 1~14 的含义详见图 1.1 的图注。15. 区域固定台站；16. 短周期地震台站（共 340 个）；17. 远震射线在 33 km 深度处的透射点。左下角内插图（a）和右上角内插图（c）分别示意研究区位置和研究区构造略图

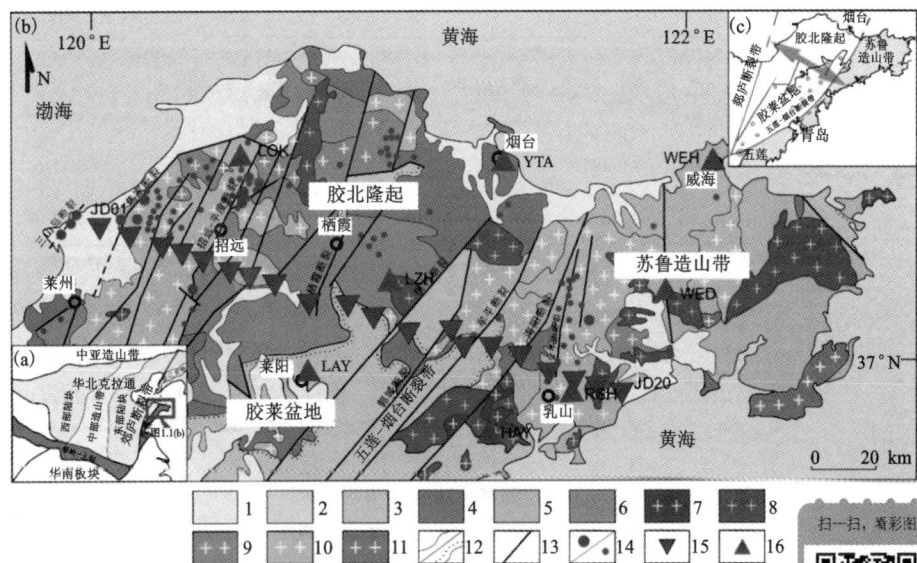

图 4.2　胶东宽频带地震台站分布

图例 1~14 的含义详见图 1.1 的图注。15. 流动宽频带地震台站（共 20 个）；16. 区域宽频带固定台站（共 8 个）。左下角内插图（a）和右上角内插图（c）分别示意研究区位置和研究区构造略图

4.2　短周期密集台阵接收函数成像

4.2.1　数据预处理与接收函数成像

　　本书挑选了 25 个震中距位于 30°~90°且震级大于 5.0 的地震事件，然后截取远震事件理论直达 P 波到时前 20 s 至后 100 s 的三分量波形数据，经带通滤波(0.05~5 Hz)后将 *ENZ* 坐标系旋转至 *RTZ* 坐标系。最后采用时间域迭代反褶积算法[131]计算 P 波径向接收函数，本书接收函数高斯系数均为 5.0，即高频截止频率为 2.4 Hz。

　　考虑到实际地震事件的背方位角是很不均匀的[图 4.1(b)]，我们选择近垂直于构造走向(NE—NNE)[4]的东南方向(Baz：120°~210°)作为优势方位。该方位地震事件相对集中[12 个；图 4.1(b)]，且数据信噪比高。由于该方位的远震射线与测线近似平行，因此相应的接收函数可以直接反映测线下方的地壳结构。经过挑选共获得了 1056 条接收函数。图 4.3(a)所示为单个地震事件波形；图 4.3(b)所示为经动校正[参考慢度为 $p=6.4$ s/(°)]后的接收函数单台叠加波形。在 4 s 左右可以清晰地看到来自 Moho 面的 P_S 转换震相。基于以上数据，我们进一步开展了接收函数 $H\text{-}\kappa$ 扫描、CCP 叠加成像和 S 波速度结构反演。

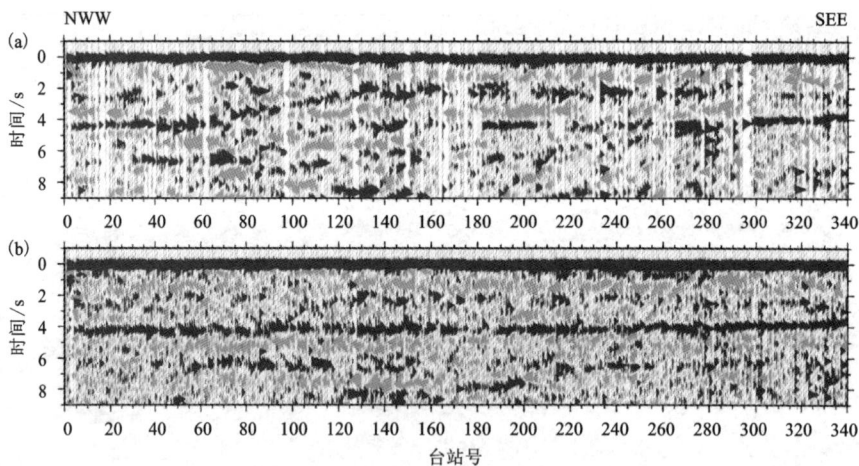

图 4.3　短周期台阵接收函数波形

(a)东南方位单个地震事件波形(时间：2017-04-10-10：38：47.900Z；震中距离：31.8°；后方位角：168°；震级：5.8)。(b)所有 340 个台站的 P 波接收函数叠加波形，仅采用了东南方位的 12 个有效地震事件的接收函数；接收函数基于 IASP91 模型[132]动校正后进行线性叠加，参考慢度为 $p=6.4$ s/(°)。接收函数的高斯系数均为 5.0

　　事实上，来自东北方位的地震数据也具有较高的信噪比，但是由于其射线路径沿主要构造走向，来自结晶基底的多次波比较发育[图 4.6（c）]，因此会影响到对主要壳内速度间断面的识别。我们仅利用东北方位的地震事件开展 H-κ 扫描和纵向 CCP 叠加成像，从而辅助分析五莲—烟台断裂带两侧莫霍面的横向变化。两组 H-κ 扫描结果如图 4.4、图 4.5 和图 4.6 所示。通常，宽频带地震台阵的台间距都在几十公里左右，因此单个台站的接收函数可以全部用于 H-κ 扫描，而不用考虑远震事件的方位差异。但是，本研究短周期密集台阵的台间距仅为 500m。通过计算我们知道，在 Moho 面附近（约 33 km），远震射线 P_S 转换点距离接收台站大约为 10 km[图 4.1（b）]，对于两条来自相反方向的远震射线，其 P_S 转换点之间的距离将达到 20 km，其多次波透射点之间的距离则更大。因此，要发挥密集台阵横向分辨率高的优势就必须考虑不同方位射线透射点之间的距离，而基于某一窄方位角范围内的地震事件开展 H-κ 扫描就可以很好地解决这一问题。本研究利用东南方位和东北方位的地震事件分别开展了 H-κ 扫描，获得了高横向分辨率的结果，并利用这两组结果分析测线两侧地壳厚度的差异。本研究采用从深地震测深剖面[46]提取的地壳平均 V_P（6.3 km/s）值进行 H-κ 扫描。由于测线附近地壳 V_P 值较其平均值基本在±0.1 km/s 以内浮动，因此根据 Zhu 和 Kanamori 的经验公式[71]，可以估计由于 V_P 的不确定性引起的地壳厚度的估计误差在 0.5 km 以内。叠加时不同震相的叠加权重是根据所有台站接收函数多次波的发育情况[见图 4.6（a）、（c）]来决定的。对于东南方位（120°～210°）的数据，P_S、P_PP_S 和 P_PS_S+P_SP_S 三个震相的叠加权重分别为 0.5、0.2 和 0.3；对于东北方位（30°～60°）的数据，P_S、P_PP_S 和 P_PS_S+P_SP_S 三个震相的叠加权重分别为 0.5、0.4 和 0.1。

　　需要说明的是，在研究包括 Moho 面的全地壳结构时，一次波[图 4.8（b）]和多次波[图 4.11（a）、（b）]的 CCP 成像分别采用了高斯系数为 5.0（高频截止频率为 2.4 Hz）和 2.5（高频截止频率为 1.2 Hz）的接收函数；而在专门分析壳内低速间断面时，则采用高斯系数为 5.0 的接收函数进行多次波成像（图 4.13）。对比不同频带接收函数的成像结果（图 4.7），发现主要壳内结构特征是稳健的，其区别是当使用高频数据时，主要速度间断面的震相较窄。为了方便和一次波成像结果进行比较，我们主要分析高斯系数为 2.5 的接收函数多次波成像结果。

　　由于短周期密集台阵记录时间短，因此高信噪比的远震事件较少。然而，利用台站密集的优势依然可以保证成像结果的稳健性。对于 CCP 叠加成像，在 33 km 处叠加单元平行于测线方向的宽度被设置为约 10 km，即每个叠加单元有近 20 个相邻台站的接收函数被用于叠加，可以同时保证有足够的叠加次数和较高的横向分辨率。至于 H-κ 扫描，为了获得稳定的结果，我们适当牺牲了横向分辨率，以相邻 61 个台站所有接收函数的扫描结果作为对中心台站下方地壳厚度和平均纵横波速度比的估计。

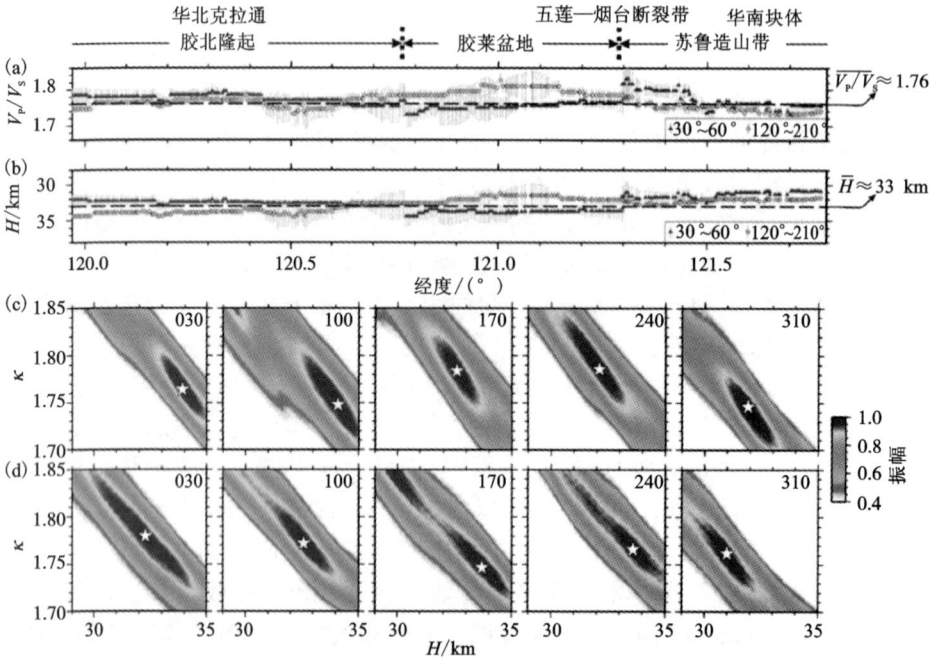

图 4.4　基于两个不同方位地震事件的 H-κ 叠加结果

(a)和(b)分别为基于 H-κ 叠加获得的每个台站下方的平均 V_P/V_S 和地壳厚度。H-κ 扫描时，采用固定的 V_P(6.3 km/s)。图中菱形表示基于东南方位(120°~210°)数据的结果，P_S、P_PP_S 和 P_PS_S+P_SP_S 三个震相的叠加权重分别为 0.5、0.2 和 0.3；三角形表示基于东北方位(30°~60°)数据的结果，P_S、P_PP_S 和 P_PS_S+P_SP_S 三个震相的叠加权重分别为 0.5、0.4 和 0.1。(c)和(d)展示了 5 个示例台站(台站号分别为 030、100、170、240 和 310)的 H-κ 扫描极值点，其中(c)对应东南方位数据，(d)对应东北方位地震数据

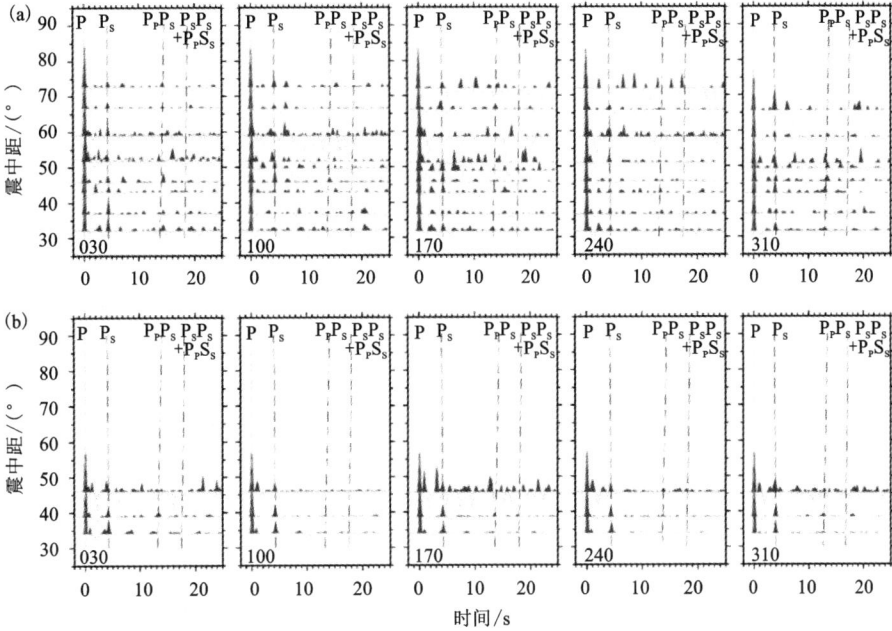

图 4.5　部分台站按震中距排列的接收函数及其理论到时

示例台站号分别为 030、100、170、240 和 310，(a) 和 (b) 分别为基于东南方位 (120°~210°) 数据的接收函数和基于东北方位 (30°~60°) 数据的接收函数。灰色虚线表示直达 P 波震相，黑色虚线表示来自 Moho 面的一次转换波和多次波的理论到时 (基于 $H-\kappa$ 扫描结果计算)。为了提高信噪比，相邻 61 个台站的所有接收函数的 $H-\kappa$ 扫描结果被作为中心台站的扫描结果。来自不同台站但基于同一远震事件计算的接收函数已经被做了线性叠加处理

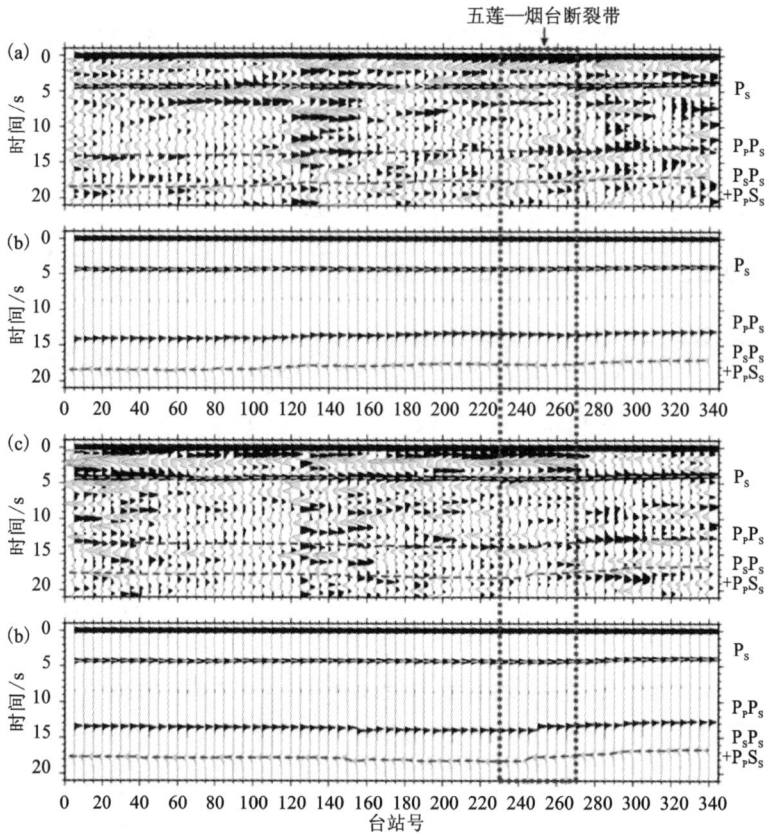

图 4.6　实际接收函数与理论合成接收函数的多次波比较

（a）和（c）分别为背方位角 120°~210°和 30°~60°接收函数单台叠加波形，（b）和（d）分别为相应的理论合成波形，正演模型为两层模型，上层采用 H-κ 扫描得到的地壳厚度 H、V_P/V_S 和扫描时的 V_P（6.3 km/s），下层为地幔（V_S =4.3 km/s，V_P/V_S =1.76），Moho 面的 P_S、P_PP_S 和 P_SP_S+P_PS_S 震相分别出现在 4 s、14 s 和 18 s 左右，与实际数据基本吻合

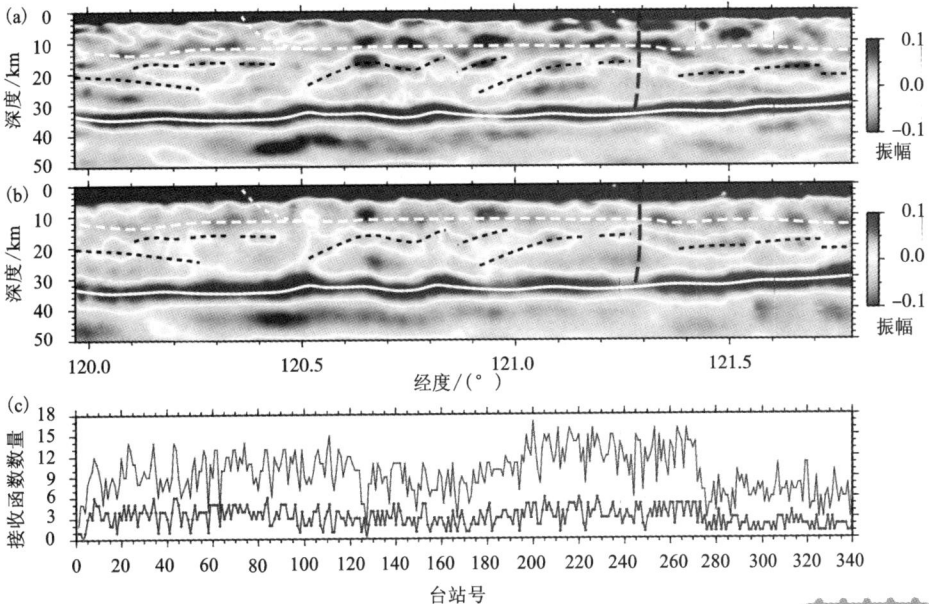

图 4.7　不同频率范围的接收函数 CCP 叠加成像

(a) 和 (b) 分别为基于高斯系数 5.0 和 2.5 的接收函数 CCP 叠加剖面，采用东南方位
地震数据。(c) 为每个台站的接收函数数量统计，其中红色实线表示基于东南方位
(120°~210°) 数据的接收函数数量，灰色实线表示基于所有方位数据的接收函数数量

4.2.2　莫霍面深度的横向变化

H-κ 扫描是估计台站下方地壳厚度和平均纵横波速度比的有效手段[71]。基于东南方位地震事件的 *H-κ* 扫描结果如图 4.8(b)(圆圈)所示。结果表明胶东地区地壳平均厚度约为 33 km，从西北至东南地壳整体呈变薄趋势，与深地震测深结果基本一致[46]。值得注意的是，在五莲—烟台断裂带两侧 Moho 面似乎存在一定程度的错断。为了确认这一特征，我们结合了基于东北方位数据的 *H-κ* 扫描结果[图 4.4(b)]进行分析。由于东北方位和东南方位地震事件的射线路径不同，因此这两组结果分别反映的是测线两侧的地壳厚度。结合两组结果发现，在五莲—烟台断裂带两侧 Moho 面存在 1~2 km 的错断，并且两侧 Moho 面的倾向似乎也是相反的。然而，这一横向变化很小，处于 *H-κ* 扫描的误差范围内。

从 CCP 图像[图 4.8(b)]中也可以提取地壳厚度信息。然而，CCP 成像与 *H-κ* 扫描在模型和方法上均存在差异[图 4.9(a)]，两者的结果本身就可能存在约 1 km 的偏差，这意味着 CCP 叠加剖面[图 4.8(b)]中五莲—烟台断裂带两侧

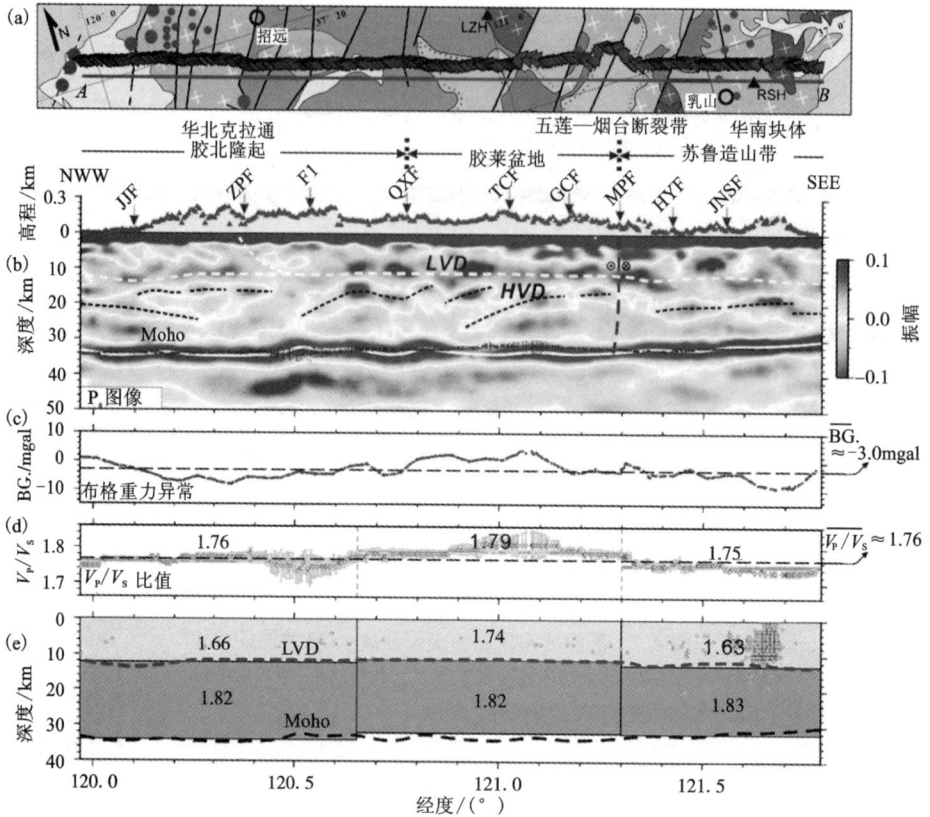

图 4.8 接收函数地壳结构成像

(a)地质简图(实线 *AB* 表示 CCP 叠加剖面位置)。(b)一次转换波 P_S 震相的 CCP 叠加剖面,接收函数频率为 0.01~2.4 Hz,图中白色实线为莫霍面,白色虚线为壳内低速间断面,黑色虚线为壳内高速间断面,灰色虚线为地壳尺度的深大断裂,圆圈表示 H-κ 扫描得到的地壳厚度。(c)布格重力异常(BG.),黑色虚线为平均值,数据来自 EGM2008 全球重力场模型。(d)菱形为 H-κ 扫描得到的纵横波速度比,绿色实线为构造单元的平均值,黑色虚线为整个地区的平均值。(e)分层 H-κ 扫描获得的上下地壳的波速比和厚度,图中灰色圆圈为测线两侧 10 km 范围内的历史地震(2000—2018 年)沿主要构造走向在剖面上的投影。以上接收函数数据均基于东南方位(120°~210°)的 12 个地震事件,CCP 叠加采用 IASP91 速度模型,H-κ 扫描时,P_S、P_PP_S 和 P_SP_S+P_PS_S 震相的叠加权重分别为 0.5、0.2 和 0.3,V_P = 6.3 km/s。LVD:低速间断面;HVD:高速间断面;JJF:焦家断裂;ZPF:招远—平度断裂;QXF:栖霞断裂;TCF:桃村断裂;GCF:郭城断裂;MPF:牟平断裂;HYF:海阳断裂;JNSF:金牛山断裂

Moho 面的横向变化仍然可能在误差范围内。为了进一步确认这一特征,我们仅利用东北方位(30°~60°)的地震数据开展了 CCP 叠加成像,由于该方位远震射线近垂直于测线,因此通过切取纵向 CCP 叠加剖面可以揭示五莲—烟台断裂带两

侧莫霍面的三维横向变化特征。除了短周期密集台阵,我们还使用了部分区域固定台的数据。从三条纵向 CCP 叠加剖面中提取各自莫霍面的深度[图 4.9(b)~图 4.9(d)],其中 BB′ 与五莲—烟台断裂带重合,AA′ 和 CC′ 分别位于 BB′ 两侧 20 km 处。结果同样表明,五莲—烟台断裂带两侧莫霍面倾向相反,且存在 1~2 km 的错断。各结果的一致性表明这一特征是稳健的,不受成像方法的影响。

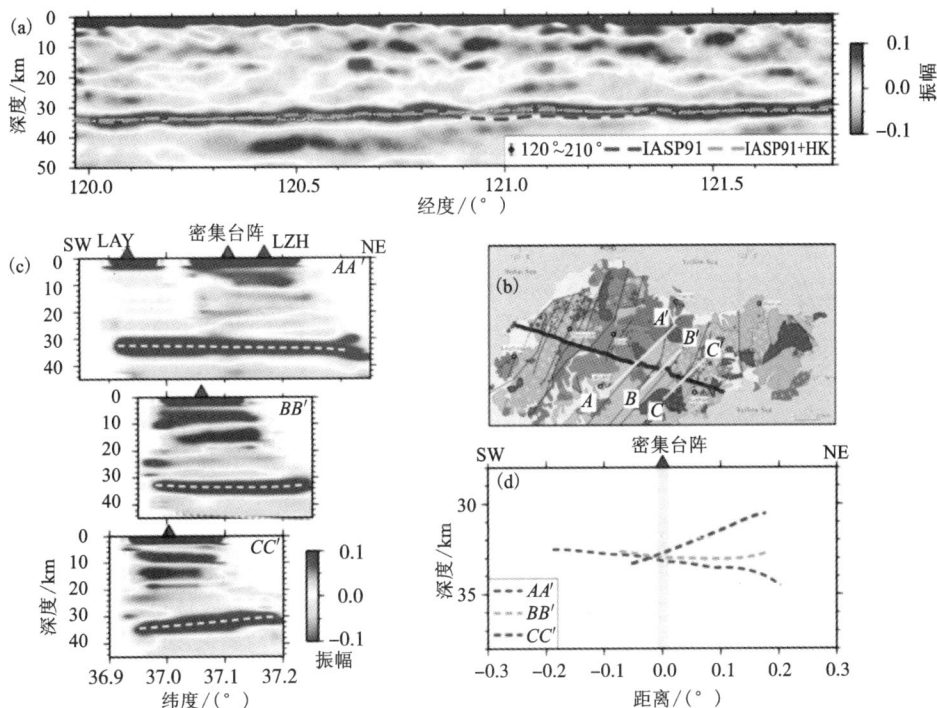

图 4.9　五莲—烟台断裂带两侧 Moho 面深度变化

(a)为背方位角 120°~210°接收函数的 CCP 叠加剖面,壳内速度采用 H-κ 扫描获得的波速比和扫描时的 V_P(6.3 km/s),地幔速度采用 IASP91 模型,并用绿色虚线表示 Moho 面;粉色虚线表示从基于 IASP91 模型的 CCP 叠加剖面中提取的 Moho 面深度,并与该方位 H-κ 扫描获得的地壳厚度进行比较。(b)为沿主要构造走向(北偏东 43°)切取的 3 条 CCP 叠加剖面位置分布图(AA′、BB′、CC′),采用背方位角 30°~60° 的事件,其中 BB′ 与五莲—烟台断裂带重合,AA′ 位于五莲—烟台断裂带西北约 20 km,CC′ 位于五莲—烟台断裂带东南约 20 km。(c)为相应的 CCP 叠加剖面,基于 IASP91 速度模型,台站包括短周期密集台阵(红色三角形)和区域内的宽频固定台站(粉色三角形);(d)为从 CCP 叠加剖面提取的 Moho 面深度曲线,并以密集台阵测线位置为中心对齐

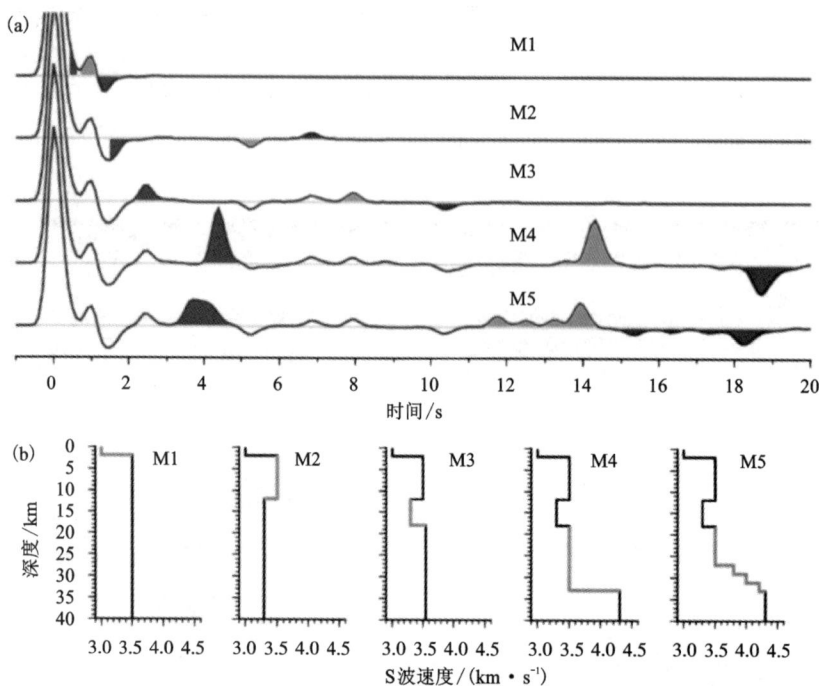

图 4.10　接收函数一维正演

（a）正演合成的接收函数，（b）用于正演的速度模型，包括 M1、M2、M3、M4 和 M5，依次分别为增加了结晶基底（2 km）、壳内低速间断面 LVD（12 km）、壳内高速间断面 HVD（18 km）、陡变的 Moho 面（33 km）和渐变的壳幔边界（27~33 km），并分别用蓝色标记了相应的速度间断面. 图（a）分别用红色、绿色和粉色标记了相应速度间断面的 P_S、P_PP_S 和 $P_SP_S+P_PS_S$ 震相

4.2.3　壳内主要速度间断面

　　此外，CCP 叠加剖面[图 4.8（b）]还显示，在 12 km 左右存在一个横向连续可追踪的负震相。我们推测该负震相可能是一个低速间断面。但是，P 波接收函数的壳内震相通常存在一次波和多次波的混叠，特别是 2 s 之前的上地壳部分。为了准确识别主要壳内速度间断面的转换震相，我们基于数据自身特征和已有区域速度模型[37, 45, 46, 49, 133]，开展了接收函数一维正演（图 4.10）。结果显示，来自结晶基底（2 km）的 $P_SP_S+P_PS_S$ 多次波和来自壳内低速间断面（12 km）的 P_S 转换波均集中在 1.5 s 左右（图 4.10，M1 和 M2），因此想要直接判断壳内负震相的性质是比较困难的。幸运的是，我们发现在合成记录中壳内低速间断面（12 km）的多次波震相出现在莫霍面的 P_S 震相之后（图 4.10，M2 和 M4），在实际资料中也

可以清晰地看到发育良好的多次波(图 4.11、图 4.13)。因此, CCP 图像[图 4.8 (b)]中 12 km 左右的负震相可能代表真实的低速间断面, 并且利用其多次波可以进一步约束其深度。

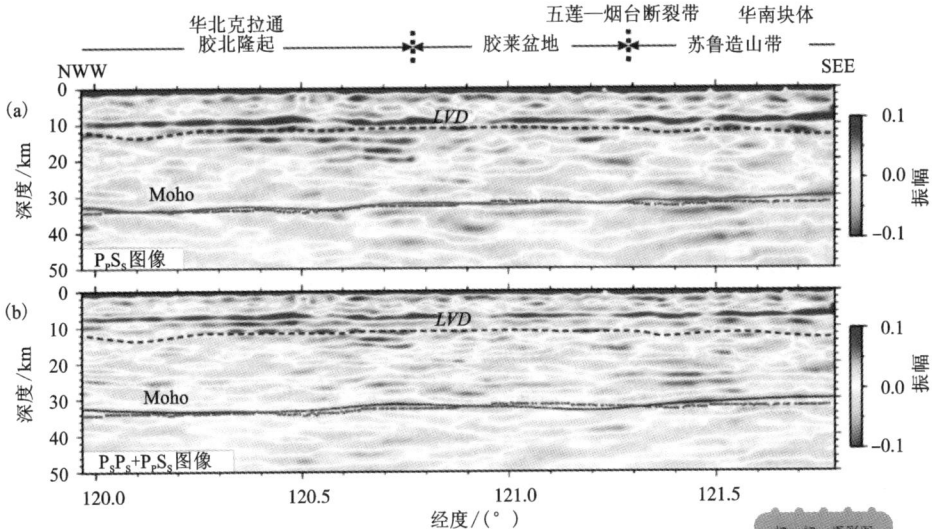

图 4.11　多次波 CCP 成像

(a)和(b)分别为多次波震相 P_PP_S 和 $P_SP_S+P_PS_S$ 的 CCP 叠加剖面, 接收函数频率为 0.01~1.2 Hz。虚线表示低速间断面 LVD, 实线表示 Moho 面, 红色菱形表示基于 H-κ 扫描获得的地壳厚度

CCP 图像[图 4.8(b)]中 16~20 km 存在一组高速间断面。该低速间断面与高速间断面分别组成了壳内低速层的顶、底界面。但是不同于顶界面, 底界面的多次波比较发散, 能量较弱, 很难利用多次波进一步约束该间断面的性质。基于上述成像结果, 我们认为低速层的顶界面是一个比较尖锐的速度间断面, 而其底界面的速度梯度较小, 且由一组界面组成。此外该高速间断面在胶莱盆地下方呈北倾特征, 而在胶北隆起下方则能量相对较弱(表明速度梯度可能较小)。在五莲—烟台断裂带两侧, 包括低速层顶、底界面和莫霍面在内的主要速度间断面均存在不同程度的错断。得益于密集的射线覆盖, 成像结果还清晰地刻画了以招平断裂为代表的 SE 倾向的拆离断层。

基于 4.2.1 节所述, 我们主要使用东南方位地震事件的数据分析壳内结构。为了分析这些特征是否稳健, 本书比较了使用不同方位数据的 CCP 成像结果(图 4.12)。结果显示, 无论采用哪一组背方位角的数据, 12 km 左右的负震相和 16~20 km 的正震相始终存在, 说明上述主要特征是稳健的。尽管震相在振幅和深度上还有一些差异, 但差异整体较小。一般来说, 随着方位角的变化, 倾斜界面或地震各向异性会引起接收函数震相的周期性变化。由于本研究震相的周期性变化不是很大,因此暂不考虑倾斜界面和各向异性的影响。事实上,跨胶东半岛的深地震测深剖面已经观测到了来自两个壳内界面的反射地震信号(图1.2)[46],其反演深度分别与本研究发现的低速层的顶、底界面对应良好,这表明本研究的主要结果是稳健可靠的。

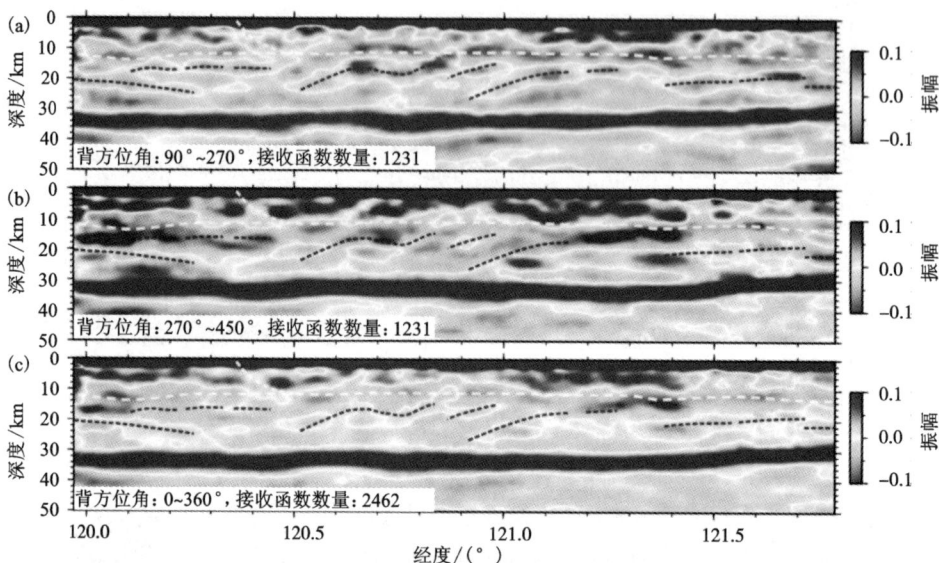

图 4.12 不同方位的接收函数 CCP 叠加成像

(a)、(b)和(c)分别为基于背方位角90°~270°、270°~450°和0~360°地震事件的 CCP 叠加剖面。考虑到远震事件分布的不均匀性,从南北两个方位分别随机挑选了 1231 条接收函数。图中虚线与图 4.8(b)一致,白色虚线表示低速间断面,红色虚线表示高速间断面

4.2.4 地壳平均纵横波速度比

基于壳内低速间断面的多次波,进一步开展上地壳(12 km 低速间断面以上) $H\text{-}\kappa$ 扫描。为了提高信噪比,将台站按 001~130、131~250 和 251~340 分为三组,分别对应胶北隆起、胶莱盆地和苏鲁造山带,每一组台站的所有接收函数的 $H\text{-}\kappa$ 扫描结果作为相应构造单元上地壳平均厚度和波速比的估计[图 4.8(e)、图 4.13]。基于全地壳和上地壳的 $H\text{-}\kappa$ 扫描结果,依据层厚度加权计算公式[134]:

$$H_{\text{upper}} \times \kappa_{\text{upper}} + H_{\text{lower}} \times \kappa_{\text{lower}} = H_{\text{crust}} \times \kappa_{\text{crust}} \tag{4.1}$$

进一步计算下地壳的波速比。

全地壳的 $H\text{-}\kappa$ 扫描结果[图 4.8(d)]表明,胶东地区地壳平均 V_P/V_S 为

1.76，与全球平均值相当[86]。在三大构造单元中，胶莱盆地的 V_P/V_S 值最高，为1.79。分层 H-κ 扫描结果[图 4.8(e)]进一步表明，三大构造单元下地壳的平均 V_P/V_S 无显著区别，但胶北隆起和苏鲁造山带上地壳的平均 V_P/V_S 明显偏低，并与相对较低(≤平均值)的布格重力异常[图 4.8(c)]和广泛出露的中生代花岗岩相对应[图 4.8(a)]。

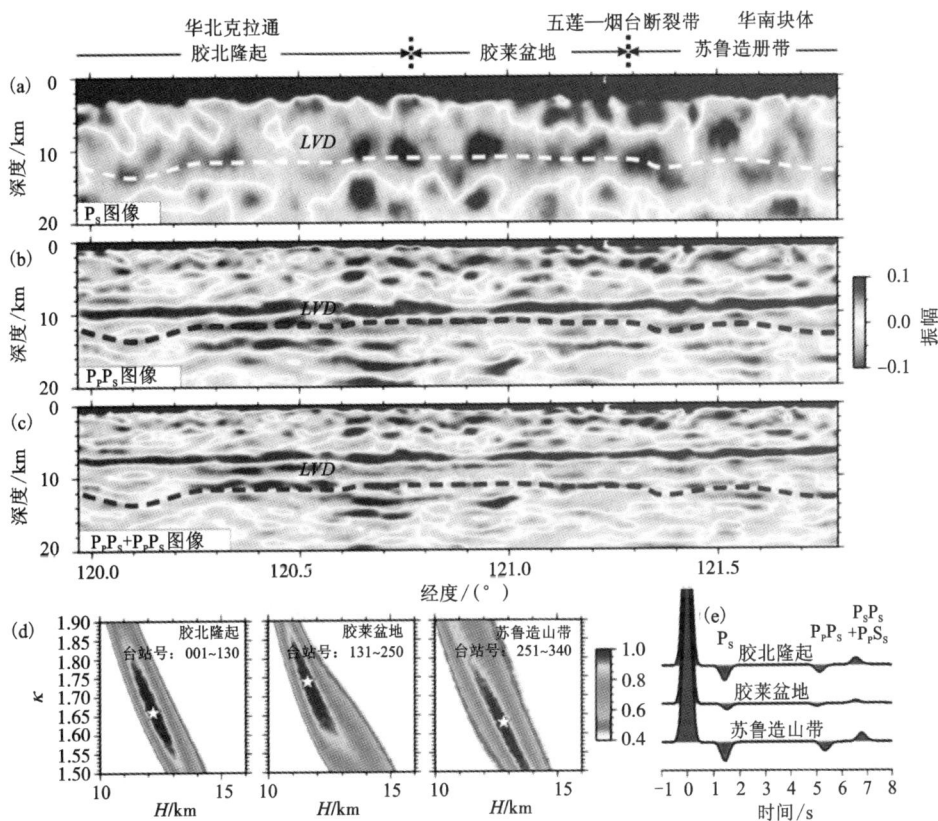

图 4.13　中地壳低速间断面成像

(a)、(b)、(c)分别为 P_S、P_PP_S 和 P_SP_S+P_PS_S 震相的 CCP 叠加剖面，使用的接收函数频带范围为 0.01~2.4 Hz，图中虚线表示低速层 LVD。(d)为胶北隆起、胶莱盆地和苏鲁造山带三大构造单元的 H-κ 扫描结果，分别包含 001~130 号台站、131~250 号台站、251~340 号台站，扫描时假设 P 波速度为 6.1 km/s，P_S、P_PP_S 和 P_SP_S+P_PS_S 三个震相的叠加权重分别为 0.3、0.35 和 0.35。(e)为基于 H-κ 扫描结果正演得到的接收函数波形，采用两层模型，上层采用 H-κ 扫描得到的层厚度 H、V_P/V_S 和扫描时的 V_P，下层固定为低速层(V_S = 3.4 km/s，V_P/V_S = 1.76)，12 km 左右低速间断面的 P_S、P_PP_S 和 P_SP_S+P_PS_S 震相分别出现在 1.5 s、5.0 s 和 6.6 s 左右

4.2.5　壳幔过渡带厚度

Moho 面的多次波可以很好地反映壳幔过渡带的性质(图 4.10，M4 和 M5)，通过开展接收函数 S 波速度反演可以估计壳幔过渡带的厚度[135]。接收函数单台叠加剖面[图 4.7(a)]显示，胶北隆起和胶莱盆地的莫霍面 P_pP_s 震相(12~14 s)波形较宽、能量发散，而苏鲁造山带莫霍面的 P_pP_s 震相能量集中，这可能与壳幔过渡带的速度梯度有关。考虑到上述特征，我们挑选了 5 个短周期流动台站和 6 个区域内的宽频固定台站(图 4.14)进一步开展了接收函数 S 波速度反演(图 4.15、图 4.16)。为了提高短周期台站接收函数的信噪比，我们适当牺牲了横向分辨率，以相邻 11 个台站的叠加结果作为中心台站的接收函数。考虑到接收函数反演对绝对 S 波速度不敏感、多解性强，以华北地区已有速度模型[37, 45, 46, 49, 133]和 H-κ 扫描结果作为重要先验约束，在分析了主要速度间断面及其多次波特征后(图 4.10)，基于 CPS330 程序[130]进一步开展接收函数波形反演。

详细的分析结果如图 4.16 所示。通过对比基于反演结果合成的接收函数与实际数据，本书认为 3.5~4.5 s 的 P_s 震相和 11~15 s 的 P_pP_s 震来自壳幔过渡带，并定义自 25 km 以下有明显速度递增的层位开始至莫霍面为止为壳幔过渡带。反演结果统计显示[图 4.16(b)、(c)]，苏鲁造山带壳幔过渡带较薄，胶北隆起和胶莱盆地壳幔过渡带偏厚，与深地震测深结果相一致[46]。

4.3　宽频带台阵与短周期台阵接收函数比较

宽频带台阵的接收函数处理流程与短周期台阵的接收函数处理流程相同。两种台阵数据获得的接收函数特征整体比较相似，但仪器间频带的差异在接收函数波形中也有很显著的体现。下面对两者的相似性和差异性做简单比较。

图 4.17 比较了接收函数的单台叠加波形。结果显示，莫霍面的 P_s(4 s 左右)、P_pP_s(14 s 左右)、$P_pS_s+P_sP_s$(18 s 左右)震相，壳内低速间断面的 P_s(1.5 s 左右)、P_pP_s(5.5 s 左右)、$P_pS_s+P_sP_s$(6.5 s 左右)震相，以及壳内高速间断面的 P_s(2.5 s 左右)震相在宽频带接收函数中均可以一一找到，这表明短周期接收函数的主要震相是稳健、可靠的。此外，由于短周期接收函数以高频为主，因此对壳内界面的刻画更加清晰。但不足的是，短周期接收函数中莫霍面的 P_pP_s 和 $P_pS_s+P_sP_s$ 震相能量较弱且连续性较差，不如宽频带接收函数中的特征清晰。因此，短周期密集台阵的优势在于研究地壳精细结构的高频转换波，而要研究莫霍面的低频多次波和来自地幔深部间断面的低频转换波则仍以宽频带台阵为最佳。

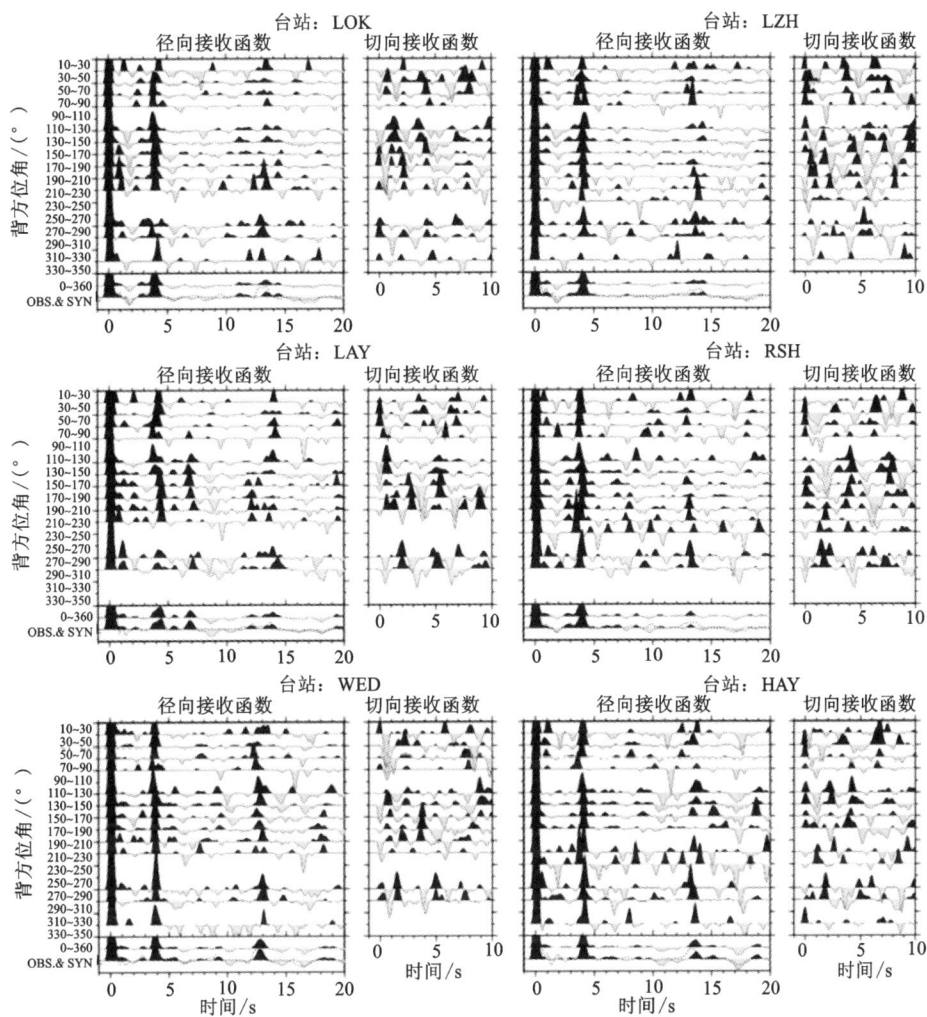

图 4.14　测线两侧 6 个宽频固定台站的径向和切向接收函数

固定台站包括 LOK、LZH、LAY、RSH、WED 和 HAY。接收函数按背方位角排列，以 20° 为采样间隔，对 ±10° 范围内的接收函数进行叠加. 图中虚线为正演合成的接收函数，拟合的观测数据为背方位角 120° ~ 210° 范围内所有接收函数的叠加结果

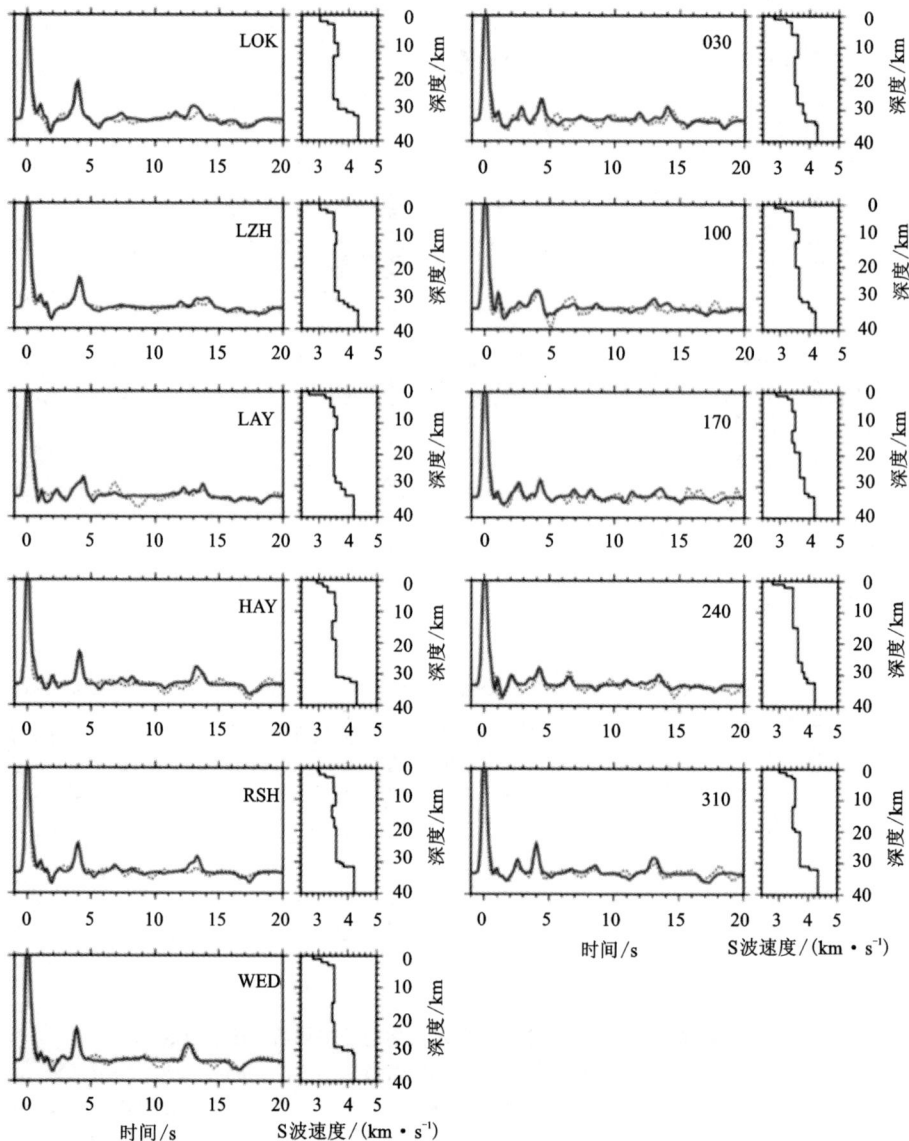

图 4.15 部分台站接收函数反演结果与一维 S 波速度

图中测线两侧的固定台站包括 LOK、LZH、LAY、HAY、RSH 和 WED，短周期密集台阵中的台站包括 030、100、170、240、310。反演过程中，以 CPS330 反演程序为基础，以已有的区域平均速度模型为约束，以图 4.10 所示正演的多次波规律为参考，以识别出的关键速度间断面作为简化模型的重要依据，以拟合壳幔多次波为重点

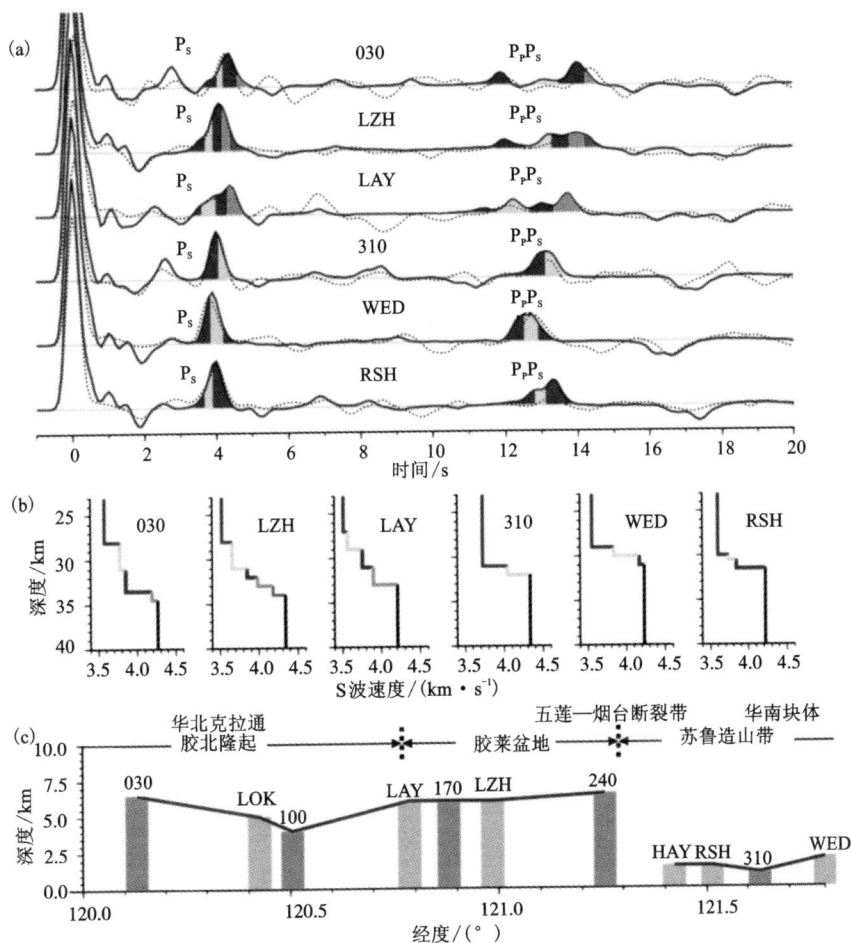

图 4.16 壳幔过渡带厚度分布图

(a)接收函数波形反演结果,灰色虚线表示实际数据,蓝色实线表示正演合成的数据.
(b)反演得到的速度模型,各层颜色分别与图(a)震相对应,波速比均为 1.76.(c)部分台站壳幔过渡带厚度统计,其中固定台沿垂直测线走向投影到剖面上. 030、100、170、240 和 310 为短周期流动台站,LOK、LAY、LZH、HAY、RSH、WED 为宽频固定台站

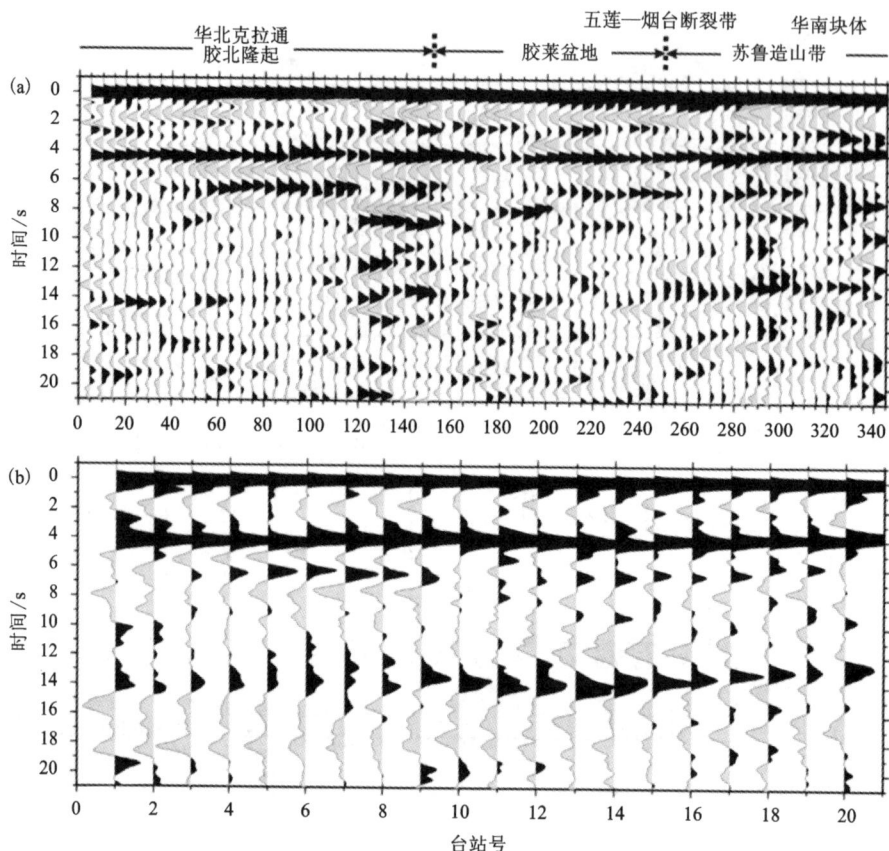

图 4.17 接收函数单台叠加波形比较

(a)短周期台阵接收函数单台叠加剖面,每个台的波形是相邻 11 个台站接收函数叠加的结果,每 5 个台显示一个;(b)宽频带台阵接收函数单台叠加剖面。接收函数计算所用高斯系数均为 5.0,且均只采用了东南方位(120°~210°)地震数据

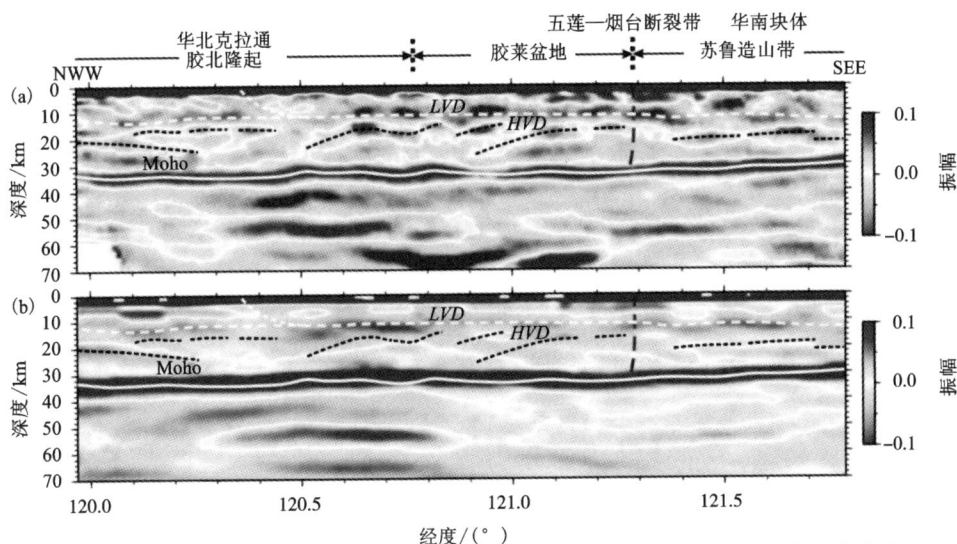

图 4.18　接收函数 CCP 叠加剖面比较

（a）基于短周期台阵接收函数的 CCP 叠加剖面；（b）基于宽频带台阵接收函数的 CCP 叠加剖面。所用接收函数的滤波频带均为 0.01~2.4 Hz。（b）中所画虚线和实线与（a）相同，其含义详见图 4.8

　　进一步对比接收函数 CCP 叠加剖面（图 4.18）可以发现，无论是短周期还是宽频带数据，12 km 左右的负震相特征均很强，而 16~20 km 的正震相在宽频带数据成像结果中特征较弱。这一现象进一步支持了我们对两个速度间断面速度梯度的判断，即 12 km 左右的低速间断面速度梯度大，因此无论是高频还是低频信号都有很强烈的响应，而 16~20 km 的高速间断面速度梯度小，且由一组界面组成，因此低频信号对这一速度间断面不敏感。

　　宽频带密集台阵接收函数的另一个优势就是记录时间相对较长，记录的有效地震事件较多，且方位分布相对均匀，可用于详细分析接收函数震相的方位变化。图 4.19 为不同方位接收函数的 CCP 成像结果，结果显示，壳内主要速度间断面特征是稳健的，但还有很多细节有待进一步分析。总之，胶东地区的地壳结构十分复杂，本研究仅基于层状模型假设对主要特征进行讨论。

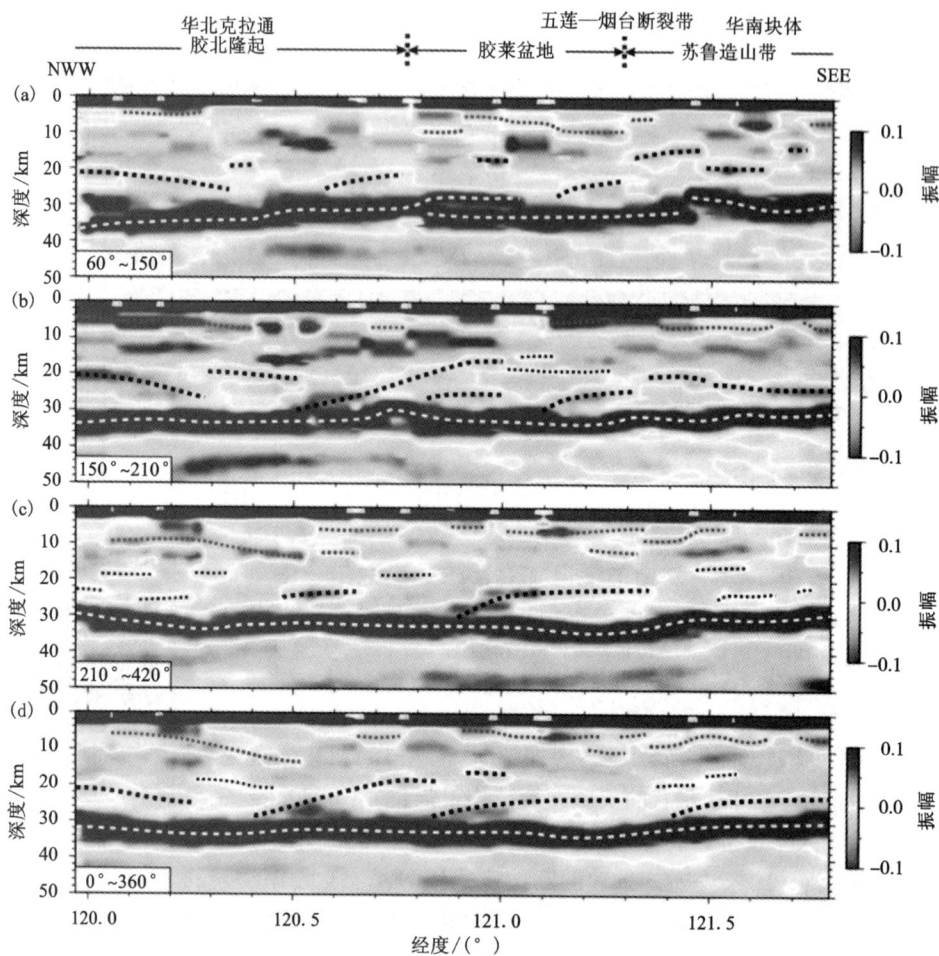

图 4.19　不同方位的宽频带接收函数 CCP 叠加成像

（a）、（b）、（c）和（d）分别为基于背方位角 60°～150°、150°～210°、210°～420°和 0°～360°的地震事件的 CCP 叠加剖面。图中虚线仅用于震相追踪，不作具体解释用

4.4 短周期密集台阵背景噪声成像

4.4.1 数据预处理与互相关函数计算

本研究将采用垂直分量互相关,提取 Rayleigh 面波信号。在进行数据互相关之前,首先要进行数据预处理,参照 Bensen 等提出的经典处理流程[111],将各台站的 Z 分量原始数据截成时间长度为 1 个小时的数据文件,再将数据降采样为 20 Hz,经去仪器响应、去均值、去倾斜分量,带通滤波(0.2~10 s),以及基于滑动绝对平均方法的时域归一化和频谱白噪化等预处理,之后,对任意台站对每个小时的 Z 分量进行互相关,最后将同一台站对不同小时的互相关函数归一化后线性叠加,得到台站对之间最终的互相关函数。图 4.20(a)~图 4.20(c)展示了 008 号台站与相邻台站之间的互相关函数,在 0.5~5 s、1~2 s 和 2~5 s 三个频带内均可以看到明显的 Rayleigh 面波信号,且信号能量主要集中在 3 s 左右。

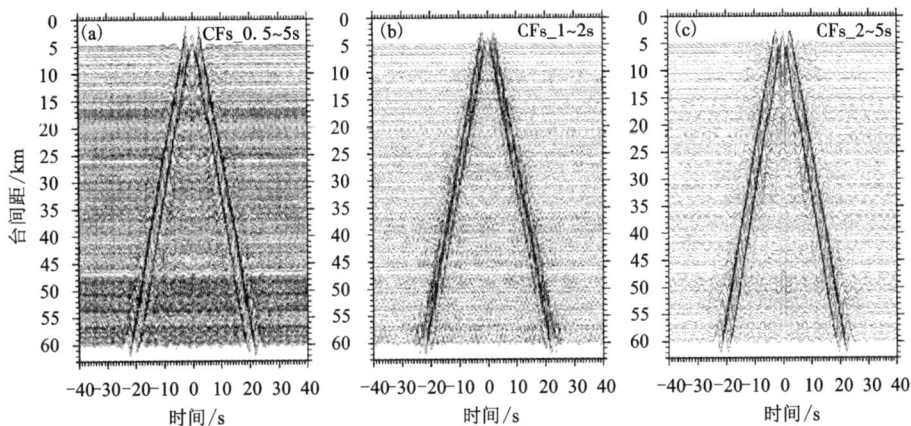

图 4.20 垂直分量互相关函数

仅以 008 号台站与相邻台站间的互相关函数为例,台间距被限定在 5~60 km,(a)、(b)和(c)对应的频带分别为 0.5~5 s、1~2 s 和 2~5 s. 正负两支信号经过了对称处理

已有研究表明,在日本九州岛存在一个由火山震颤引起的单一持续噪声源,其频率为 0.07~0.12 Hz、传播速度约为 2.7 km/s[136-137]。该噪声源可能会在互相关函数的零时刻附近形成较强的零点噪声,从而影响频散曲线提取的可靠性。结果显示[图 4.20(a)~图 4.20(c)],互相关函数零点噪声整体较弱,仅在 2~5 s

频段有微弱信号,可能是由于我们关注的信号频段(0.5~5 s)与噪声源信号的主频具有一定的偏差。尽管如此,我们仍然挑选了台间距较大的台站对(≥5 km),从而使得零点噪声与面波信号尽可能分离,同时考虑到实际数据的信噪比,将最大台间距控制在60 km范围内。最终,仅对台间距为5~60 km的台站对进行了互相关计算。

4.4.2 频散曲线测量

考虑到实际数据的信噪比,提取0.5~4 s的频散曲线,且采样周期为0.1 s,并将最大台间距控制在45 km以内。在挑选频散曲线时,综合考虑远场近似(台间距大于2倍波长)、信噪比(大于5)、频散曲线的连续性以及相邻台站对之间频散曲线的相似性。此外,参考前人在胶东及邻区研究结果[48, 49]的短周期数据特征,将频散曲线的绝对值约束在2.0~3.5 km/s。然后进一步开展频散曲线质量控制,仅保留相速度随周期变化时梯度值在-0.15~0.45 km/s² 的频散曲线。最后,针对不同周期之间频散数量差异较大的问题,对部分数据进行随机剔除,使得在基本不影响数据覆盖的情况下频散曲线的数量随周期的增加平稳变化。

经挑选,最终获得15839条高质量的Rayleigh波相速度频散曲线,结果如图4.21(a)所示。相速度的平均值从0.5 s处的2.6 km/s缓慢变化到4 s处的3.1 km/s,相速度整体偏高,符合胶东地区沉积层较薄、基岩大范围出露的地表地质特征。图4.21(b)所示是各周期混合路径频散的射线路径数统计,其中2.6 s的射线路径最多,共12685条,0.8 s的射线路径最少,共1307条。通过研究某一地区的平均频散曲线,可以获得该地区的平均速度结构特征。为了简单分析胶北隆起、胶莱盆地和苏鲁造山带三大构造单元的平均速度结构特征,将340个台站相应地分为三组,其中001~130台代表胶北隆起(范围:119.96°E—120.12°E),131~250台代表胶莱盆地(范围:120.12°E—121.30°E),251~340台代表苏鲁造山带(范围:121.30°E—121.78°E)。各组台站的平均频散曲线如图4.21(c)所示,结果显示001~130组与131~250组相当,而251~340组的频散曲线明显偏高,表明苏鲁造山带上地壳速度明显高于胶北地体(包括胶北隆起和胶莱盆地)。

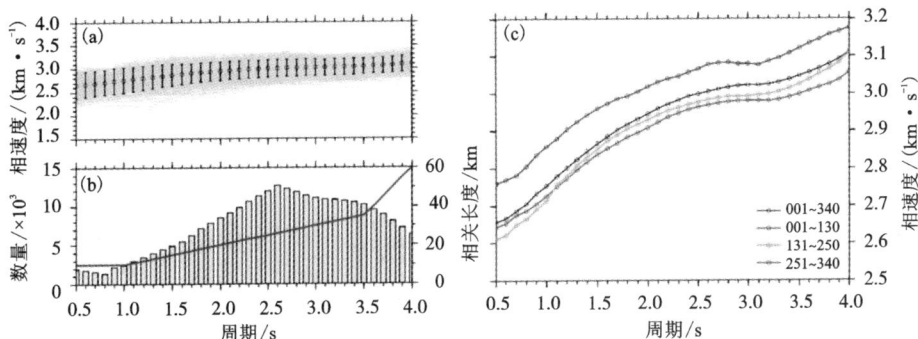

图 4.21　从互相关函数提取的相速度频散曲线

(a)灰色实线为频散曲线,共计 15839 条,周期为 0.5~4 s;黄色圆圈和误差棒分别表示每个周期的平均相速度及其 2 倍标准差。(b)灰色条带表示每个周期相速度频散测量值的数量,红色折线表示实际反演时该周期的各向同性相关长度。(c)测线上不同台站区间(001~340,001~130,131~250 和 251~340)的平均频散曲线

4.4.3　相速度结构成像

由于是线性台阵观测系统,方位分布不均匀,因此本研究不做方位各向异性反演。反演过程中将自动舍弃部分偏差较大的频散数据。所有反演参数中,各向同性参数的相关长度影响最大,一般波长越小对小尺度异常的分辨能力越高,选用的相关长度可以较小;同时,信噪比越高,选用的相关长度也可以较小,其最小值通常要求大于 1/3 倍波长。本研究综合考虑了不同周期的波长、数据信噪比、检测板测试结果以及区域地质问题的尺度等来确定每个周期的相关长度,如图 4.21(b)中红色实线所示。采用 0.04°×0.04°的模型参数化网格。图 4.22(b)为测线下方相速度分布图,其中五莲—烟台断裂带以东,从 0.5 s 至 4 s 相速度均明显高于断裂带以西,表明苏鲁造山带上地壳速度较胶北地体明显偏高。

4.4.4　S 波速度反演

经相速度反演后,获得每个网格点的相速度分布图,再通过插值可以获得每个台站下方的纯路径频散曲线。在 S 波速度反演时,将地壳设定成层厚为 0.5 km 的均匀模型。由于在均匀半空间的泊松体介质中,瑞雷波相速度 c 与 S 波速度 V_s 的关系[138]为:

$$c = 0.92V_s \tag{4.2}$$

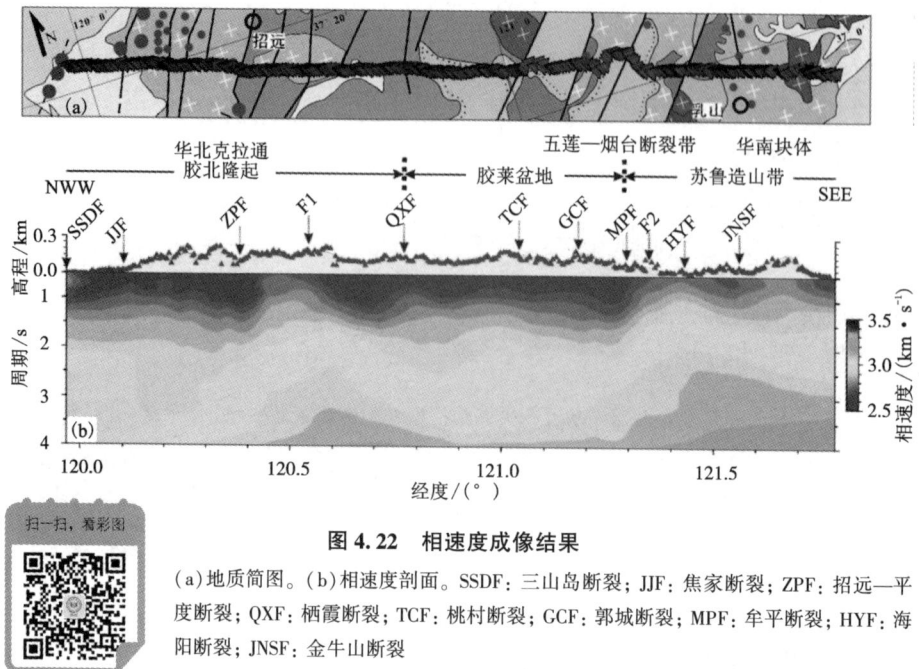

图 4.22　相速度成像结果

(a)地质简图。(b)相速度剖面。SSDF：三山岛断裂；JJF：焦家断裂；ZPF：招远—平度断裂；QXF：栖霞断裂；TCF：桃村断裂；GCF：郭城断裂；MPF：牟平断裂；HYF：海阳断裂；JNSF：金牛山断裂

　　据此可以近似估计 1/3 倍波长深度处的 S 波速度为 1.1 倍的相速度[55]。基于所有台站对的平均频散曲线和上述经验关系，构建一个初始速度模型，如图 4.23(a)中虚线所示。其中，0~4 km 为基于平均频散曲线和经过适当平滑后的估计值，7 km 以下采用固定值 3.6 km/s，4~7 km 为平滑过渡。波速比为 1.7，密度按 2.8g/cm³ 进行初值处理，反演过程中 V_P/V_S 保持不变，密度按 Nafe-Drake 关系式进行更新。图 4.23(a)、图 4.23(b)为部分台站的 S 波速度反演结果和频散曲线拟合情况，整个剖面下方的 S 波速度结构如图 4.24(b)所示。反演过程中，为保证反演的稳定性，将反演深度设为 15 km，但如无特别说明，一般仅展示 0~8 km 的反演结果。

　　基于 S 波速度反演，我们获得了剖面下方的 S 波速度结构[图 4.24(b)]。同时，为了突出 S 波速度的横向和垂向变化特征，分别计算相对 S 波速度扰动[图 4.24(c)]（每个网格点的速度相对于每一层平均速度的百分比）和垂向 S 波速度梯度[图 4.24(d)]。绝对 S 波速度图像显示，胶东地区沉积层普遍较薄，在 1~2 km 深度处速度迅速增加，垂向 S 波速度梯度进一步清晰刻画了这一高速间断面，如图 4.24(d)黄色虚线所示，该间断面的主要特征与深地震测深的结果基本一致[46]。推测该高速间断面可能是浅层沉积层、花岗岩风化层或太古宙基底风化层与深部致密基岩之间的速度间断面。

　　无论是相速度、S 波速度还是相对 S 波速度扰动，均清晰地显示五莲—烟台

断裂带以东的苏鲁造山带上地壳速度整体偏高,与断裂带以西的胶北地体(包括胶莱盆地和胶北隆起)形成鲜明对比。胶北隆起及其周缘存在一些呈铲状且高低速相间的异常条带[图4.24(c)],并整体表现为 SE 倾向,与地表三山岛断裂和招平断裂为代表的主要拆离断层的倾向基本一致。尽管由于分辨率的限制,速度异常条带较宽,无法与实际拆离断层和地质体一一对应,但是 S 波垂向速度梯度显示[图4.24(d)],胶西北地区基底/浅层高速间断面错断显著,且错断位置与地表断层出露位置吻合良好,这在一定程度上说明了本研究反演结果的可靠性。而五莲—烟台断裂带及其以东的苏鲁造山带,S 波垂向速度梯度未显示基底/浅层高速间断面有明显错断,但相速度、绝对 S 波速度、相对速度扰动均表现为显著的横向分块特征,且不同于胶西北地区倾斜的条带状速度异常。此外,本研究测线还经过了胶莱盆地,但仅位于盆地边缘,沉积层特征不显著,胶莱盆地上地壳的平均速度与胶北隆起相当。但值得注意的是,栖霞断裂(QXF)和 F2 断裂下方的速度异常体倾向分别为 SE 和 NW[图4.24(c)、图4.24(d)],其整体形态与胶莱盆地的凹陷特征对应,可能是盆地边缘的低角度拆离断层造成的。

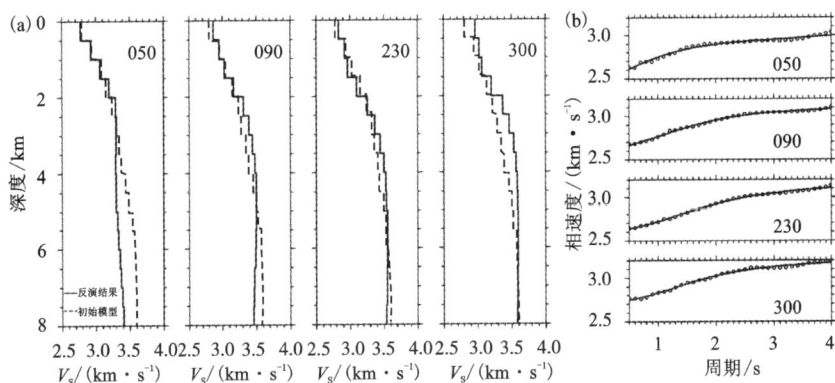

图 4.23　部分台站 S 波速度反演结果

(a)初始速度模型(虚线)和反演结果(实线);(b)反演结果的频散曲线(实线)与原始频散曲线(圆圈)拟合情况。050、090、230 和 300 四个台站的经度分别为 120.22°E, 120.43°E, 121.19°E 和 121.56°E

4.4.5　反演结果的不确定性分析

由于本研究采用的是线性台阵数据,因此无法开展标准的检测板试验。但台阵近垂直于主要构造走向(NE—NNE),射线路径受速度结构横向非均匀性的影响较小,因此开展面波层析成像是可以保证测线下方速度结构受到有效约束的。为了分析本研究线性台阵的横向分辨率,我们开展了如图4.25所示的检测板试验,检测板异常幅值为 5%,异常条带为 NE 走向,与实际构造走向相近,且所有

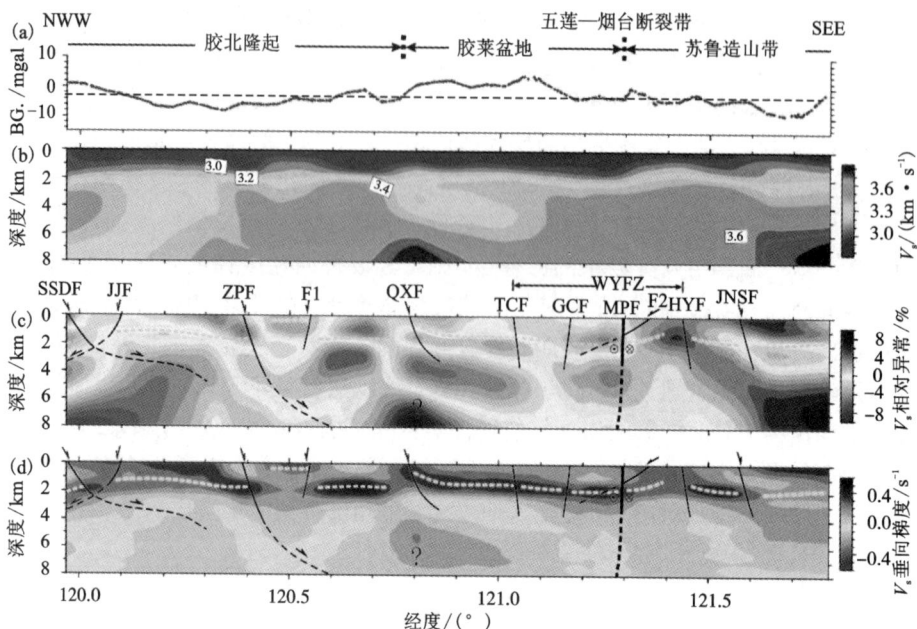

图 4.24　S 波速度成像结果

(a)布格重力异常(BG.)，数据来自 EGM2008 全球重力场模型，虚线为平均值；(b)S 波速度剖面；(c)S 波速度扰动；(d)S 波垂向速度梯度，其中黑色实线表示地表观测到的主要断层，黑色虚线表示推测的断层，箭头表示拆离断层的运动方向，黄色虚线表示高速间断面

反演参数均与实际资料反演参数相同。检测板试验结果表明，0.5 s、1.5 s、2.5 s 和 3.5 s 的相速度反演分别对 0.14°、0.17°、0.23°和 0.31°的异常有较好的分辨能力，尽管异常的走向无法有效约束，但测线下方的速度结构均得到了较好的恢复。由于 S 波速度是基于每个网格点的纯路径频散曲线反演得到的，因此 S 波速度反演与相速度反演的横向分辨率是相当的。S 波相对速度扰动图像[图 4.24(c)]显示，特征稳定的异常其最小横向尺度从浅至深一般在 15~30 km，因此反演结果对主要异常的识别是满足分辨率要求的。

此外，为了分析初始速度模型对反演结果的影响，我们构建了三种不同的初始模型[图 4.26(a)]，分别是均一模型 M1、线性变化模型 M2 和基于平均频散曲线估计的模型 M3，并以 090 号台站为例，采用相同的反演参数进行反演。S 波速度反演结果和频散曲线拟合情况如图 4.26(b)、图 4.26(c)所示，结果表明短周期面波信号反演对初始模型依赖较小，不同初始模型反演结果的相对误差基本在

2%以内(仅在 7.5 km 以下,相对误差达到约 3%),而主要异常体的相对速度扰动一般在 2%以上[图 4.24(c)],因此初始速度模型的选取基本不影响对主要速度异常体的反演和识别。

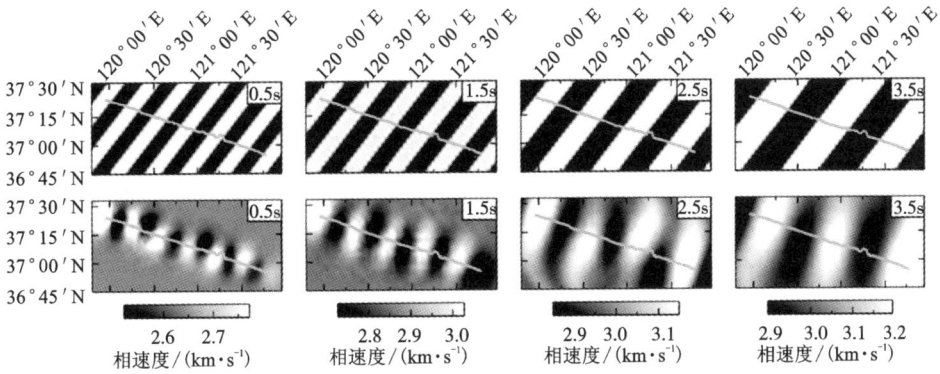

图 4.25　相速度反演检测板试验

上面四幅图对应不同周期的输入模型,下面四幅图对应不同周期的输出模型。其中 0.5 s、1.5 s、2.5 s 和 3.5 s 周期对应的条带状异常的宽度分别为 0.14°、0.17°、0.23°和 0.31°。灰色三角形表示台站

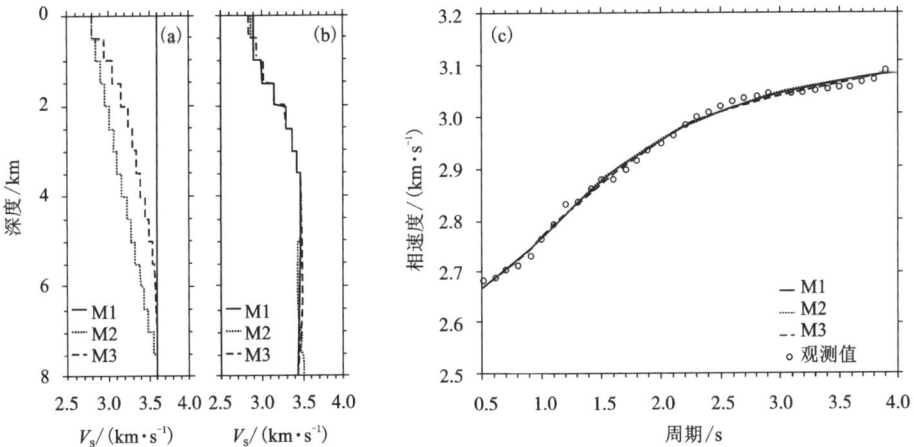

图 4.26　不同初始模型的反演结果比较

以 090 号台站为例;(a)三种初始模型 M1、M2 和 M3;(b)反演得到的速度模型;(c)反演结果的频散曲线与原始频散曲线的拟合情况

　　面波的垂向分辨率一般较低,且与频率有关,频率越低则垂向分辨率越低。图 4.27(b)为基于反演后的平均 S 波速度[图 4.27(a)中虚线]计算的不同周期的

Rayleigh 波相速度敏感核函数。本研究采用的相速度最长周期为 4 s，敏感核函数
显示该周期对 5 km 左右的地壳结构最敏感，5 km 以下的分辨能力将随深度增加
而逐渐降低。因此，初始速度模型如果存在系统性偏低或偏高的情况，可能会直
接影响反演结果的特征。在当前相速度频带范围内(0.5~4 s)，为进一步明确初
始模型是从什么深度开始显著影响反演结果的，我们开展了如图 4.28 所示的
Test1 和 Test2 测试。为了便于分析，图 4.28(a)展示了 0~15 km 的速度结构。在
Test1 中，真实模型在 4 km 以下为均一速度(3.6 km/s)，初始模型系统性偏低
(3.4 km/s)，反演结果显示 8 km 以下速度开始呈下降特征；在 Test2 中，真实模
型同 Test1，但初始模型系统性偏高(3.8 km/s)，反演结果显示 10 km 以下速度开
始呈上升特征。但无论初始模型偏低还是偏高，5~8 km 的速度结构均得到了较
好的约束，因此本研究提供 8 km 以浅的速度结构是合理的。此外，为了分析深部
确实存在高速异常体时反演结果的分辨能力，我们开展了如图 4.28 所示的 Test3
测试。在 Test3 中，6 km 以下突变为高速，而初始模型系统性偏低，反演结果显
示在 6~8 km 这一高速特征可以得到恢复，但由于面波分辨率有限，高速异常体
的形态会变得比较平滑。综合考虑 S 波反演问题的上述各种不确定性后，本研究
将仅解释深部与浅部有较好连续性且规模较大的速度异常，对 5 km 以下突然出
现的速度异常和剖面两端的速度异常均不做解释。

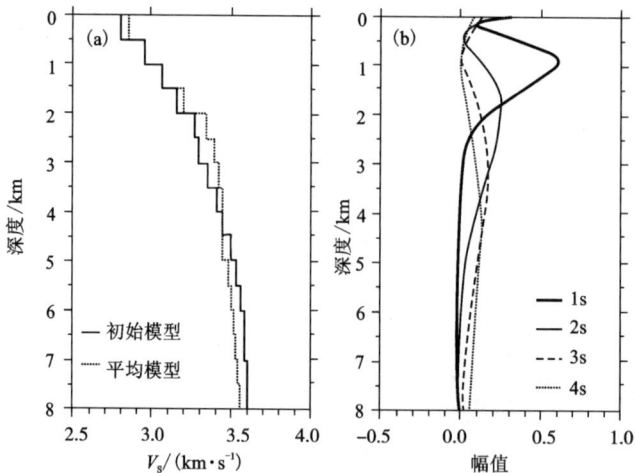

图 4.27 平均速度结构与敏感核函数

(a)基于整个测线段的平均频散曲线估计得到的初始速度模型(实线)和所有台站
反演结果的平均速度模型(虚线)；(b)基于反演后的平均速度模型计算的不同周
期的 Rayleigh 波相速度敏感核函数

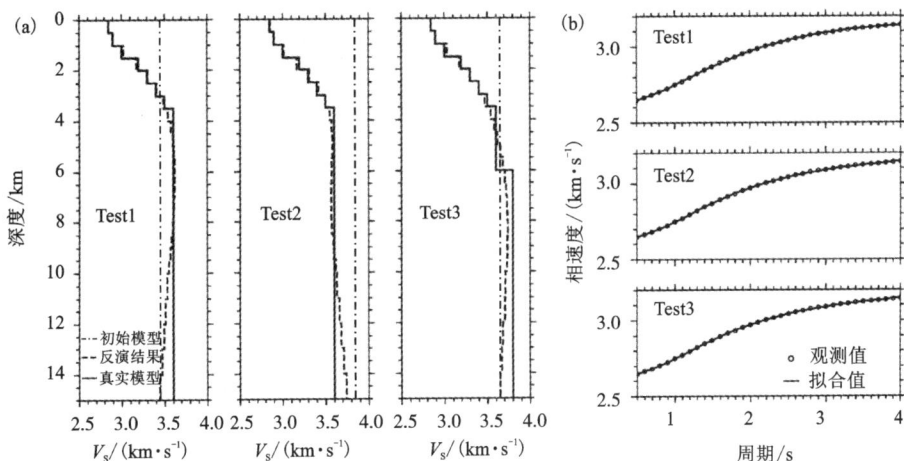

图 4.28　5 km 以下的深部结构分辨率测试

(a) 真实模型(实线)、初始反演模型(点划线)和反演结果(虚线); (b) 反演结果的频散曲线(黑色实线)与原始频散曲线(黑色圆圈)的拟合情况; Test1、Test2 和 Test3 分别对应三种不同的真实模型和初始模型的组合

4.5　宽频带背景噪声成像

4.5.1　数据预处理与互相关函数计算

我们将宽频流动台站和部分区域固定台站[图 4.2(b)]的数据联合进行了背景噪声成像。宽频带背景噪声数据的处理流程与短周期背景噪声数据的处理流程基本相似,只是数据的频带不同。同样采用垂直分量互相关,提取 Rayleigh 面波信号。在进行数据互相关之前,首先要进行数据预处理,参照 Bensen 等提出的经典处理流程[111],将各台站的 Z 分量原始数据截成数据长度为 1 天的数据文件,再将数据降采样为 10 Hz,经去仪器响应、去均值、去倾斜分量,带通滤波(0.5~30 s),以及基于滑动绝对平均方法的时域归一化和频谱白噪化等预处理,之后,就可以对任意台站每天的 Z 分量进行互相关,最后将同一台站对不同天的互相关函数归一化后线性叠加,得到台站对之间最终的互相关函数。图 4.29(a)~图 4.29(c)展示了所有台站对之间的互相关函数,在 1~25 s、5~15 s 和 15~25 s 三个频带内均可以看到明显的 Rayleigh 面波信号,且信号能量主要集中在 10 s 左右。

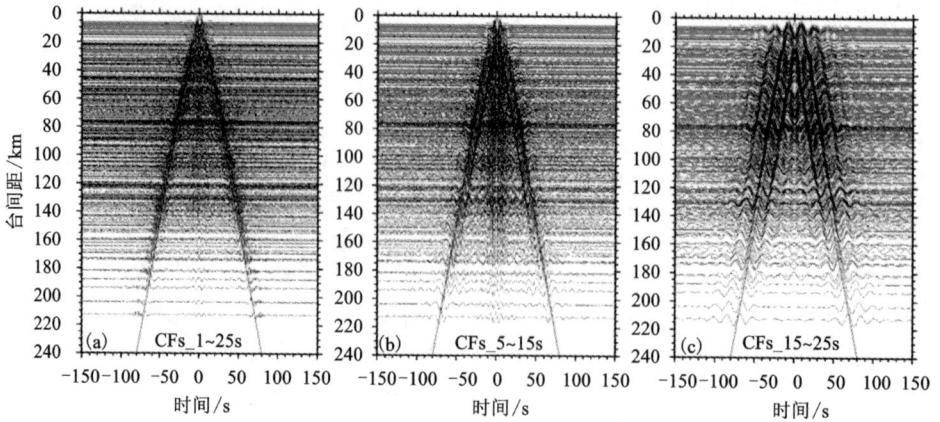

图 4.29　垂直分量互相关函数

（a）、（b）和（c）对应的频带范围分别为 1~25 s、5~15 s 和 15~25 s，正负两支信号经过了对称处理

结果显示[图 4.29(a)~图 4.29(c)]，零点噪声在 5~15 频段信号较强，并主要对中等台间距(30~60 km)的互相关函数影响较大。为此，在挑选中等台间距的频散曲线时，将参考相似路径中较大台间距的频散曲线，并剔除相速度值有突变特征的频散数据。

4.5.2　频散曲线测量

考虑到实际数据的信噪比，提取 1~20 s 的频散曲线，且采样周期为 0.5 s。在挑选频散曲线时，综合考虑远场近似(台间距大于 2 倍波长)、信噪比(大于 5)、频散曲线的连续性以及相邻台站对之间频散曲线的相似性。此外，还参考了前人在胶东及邻区研究数据的特征[48,49]，将频散曲线的绝对值约束在 2.6~3.7 km/s。然后进一步开展了频散曲线质量控制，仅保留相速度随周期变化时梯度值在 -0.15~0.45 km/s² 的频散曲线。

经挑选，最终获得了 376 条高质量的 Rayleigh 波相速度频散曲线，结果如图 4.30(a)所示。其平均值从 1 s 处的 2.8 km/s 缓慢变化到 20 s 处的 3.5 km/s。短周期部分相速度整体偏高，符合胶东地区沉积层较薄、基岩大范围出露的地表地质特征。图 4.30(b)是各周期混合路径频散的射线路径数统计，其中 3.5 s 的射线路径数最多，共 234 条，20 s 的射线路径最少，共 16 条，5~7 s 受零点噪声干扰，频散数据量有一定减少。为了突出补充区域固定台后频散数据增加的幅度，我们用深色条带表示流动台站之间互相关获得的频散数据，用浅色条带表示固定台站之间及固定台与流动台之间互相关获得的频散数据。从图 4.30(b)可以看出增加 8 个固定台站后频散数据量大约翻了一番。通过研究某一地区的平均频散曲线,可以获得该地区的平均速度结构特征,为了简单分析胶东地区东西两侧速度结构的差异,我们将20 个流动台站分为两组,JD01~JD15 代表胶东西侧,JD06~JD20 代表胶东东侧,由于长周期部分受台间距限制频散数量较少,因此两组台站有部分重合。两组台站的平均频散曲线如图 4.30(c)所示,结果显示 JD06~JD20 组较 JD01~JD15 组,在 1~7 s 频段频散值明显偏高,7.5~13 s 频段则偏低,13.5 s 之后又偏高。

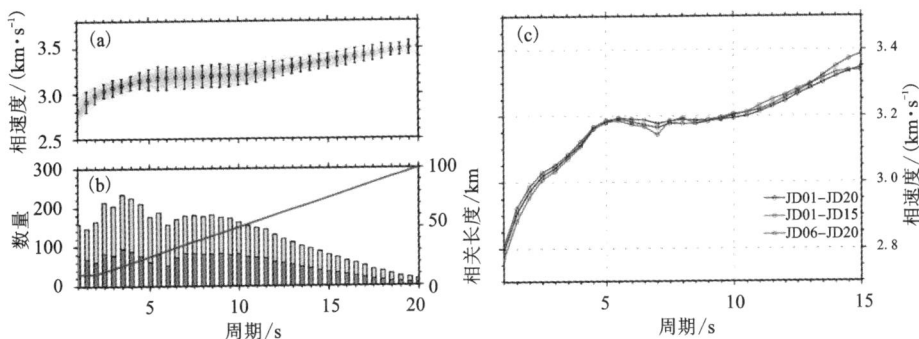

图 4.30　从互相关函数提取的相速度频散曲线

(a)灰色实线为频散曲线,共计 376 条,周期为 1~20 s;黑色圆圈和误差棒表示每个周期的平均相速度值及其两倍标准差。(b)直方图表示每个周期相速度频散测量值的数量,其中深色条带表示由流动台站之间互相关获得的频散数据,灰色条带表示固定台站之间及固定台与流动台站之间互相关获得的频散数据;黑色折线表示实际反演时该周期的各向同性相关长度。(c)流动台站测线上不同台站区间(JD01~JD20,JD01~JD15 和 JD06~JD20)的平均频散曲线

4.5.3　相速度结构成像

反演过程中将自动舍弃部分偏差较大的频散数据。本研究综合考虑了不同周期的波长、数据信噪比、检测板试验结果以及区域地质问题的尺度等来确定每个周期的相关长度,如图 4.30(b)中黑色实线所示。采用 $0.1° \times 0.1°$ 的模型参数化网格。图 4.31 为不同周期的相速度分布图,图 4.32 为流动台阵下方的相速度剖面图。为了对比增加固定台站前后的成像结果差异,我们同时给出了单独基于流动台数据获得的相速度反演剖面[图 4.32(a)]和联合流动台与固定台数据获得的相速度反演剖面[图 4.32(b)]。需要说明的是,尽管本研究增加了 8 个区域固定台,但对三维结构的约束依然比较有限,因此后文仅讨论流动台阵下方的二维地壳结构。

相速度异常/%

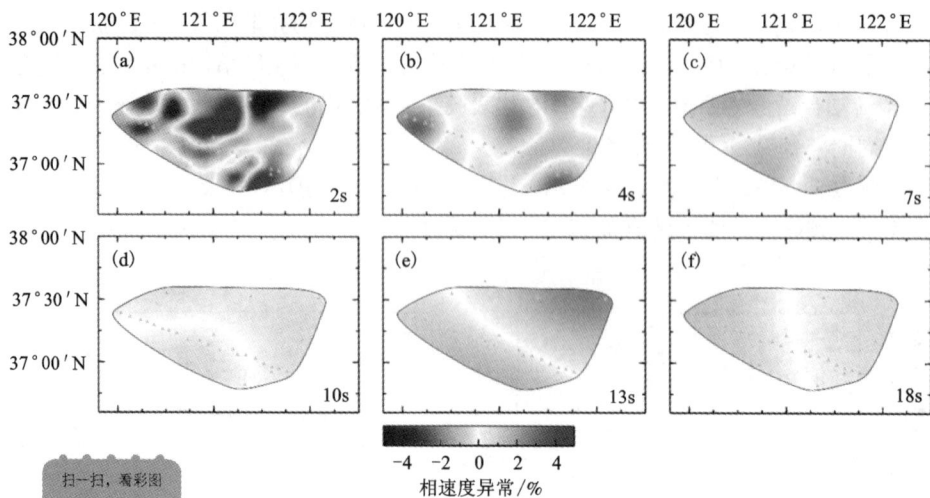

图4.31 不同周期的相速度反演结果

灰色三角形表示地震台站

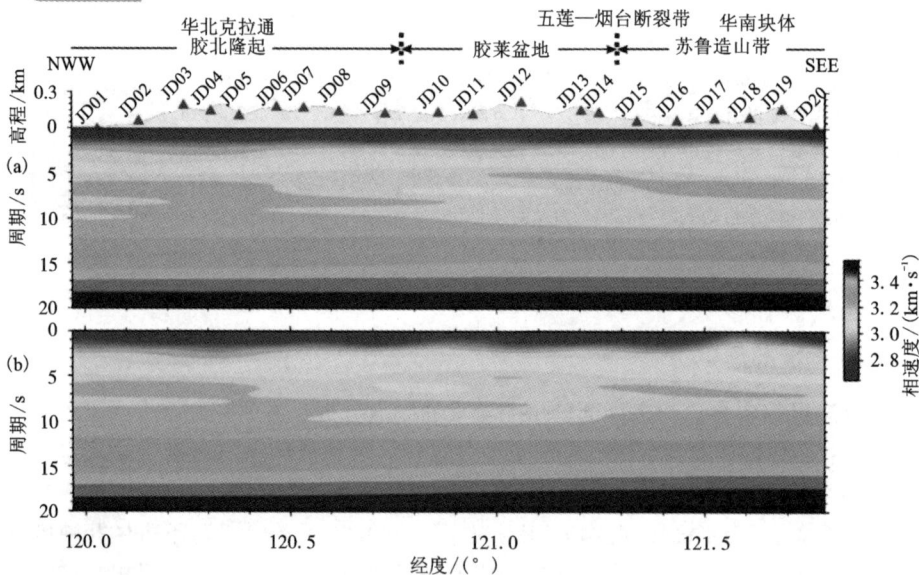

图4.32 相速度反演剖面

（a）基于流动台互相关函数提取频散获得的相速度反演剖面；
（b）基于流动台和区域固定台互相关函数提取频散获得的相速度反演剖面；
NCC：华北克拉通；SCB：华南板块；WYFZ：五莲—烟台断裂带

4.5.4　S 波速度反演

　　基于各周期的相速度分布图,通过插值获得每个台站下方的纯路径频散曲线后,就可以开展 S 波速度反演了。将地壳设定成层厚为 0.5 km 的均匀模型,莫霍面以下仅设为一层,并参考区域平均地壳厚度[46]将莫霍面设置在 33 km,然后基于所有台站对的平均频散曲线和经验关系式(4.2),构建了一个初始速度模型,如图 4.33(a)虚线所示。其中,0~20 km 为基于平均频散曲线和经过适当平滑后的估计值,20~33 km 为线性过渡,地幔部分的速度为 4.3 km/s。波速比为 1.76,密度按 2.8g/cm³ 进行初值处理,反演过程中 V_P/V_S 保持不变,密度按 Nafe-Drake 关系式进行更新。图 4.33(a)、图 4.33(b)为部分台站的 S 波速度反演结果和频散曲线拟合情况,整个剖面下方的 S 波速度结构如图 4.34 所示。我们这里同时给出了单独基于流动台数据反演得到的 S 波速度剖面[图 4.34(a)]和联合流动台与固定台数据反演得到的 S 波速度剖面[图 4.34(b)]。

　　基于 S 波速度反演,获得剖面下方的地壳 S 波速度结构[图 4.35(b)],测线两侧 10 km 范围内的历史地震(2000—2018 年)也被按构造走向投影到剖面上。同时,为了突出 S 波速度的横向和垂向变化特征,分别计算相对 S 波速度扰动[图 4.35(c)](每个网格点的速度相对于每一层平均速度的百分比)和垂向 S 波速度梯度[图 4.35(d)]。由于本研究仅使用了频带为 1~20 s 的频散数据,因此主要讨论 25 km 以浅的地壳结构。

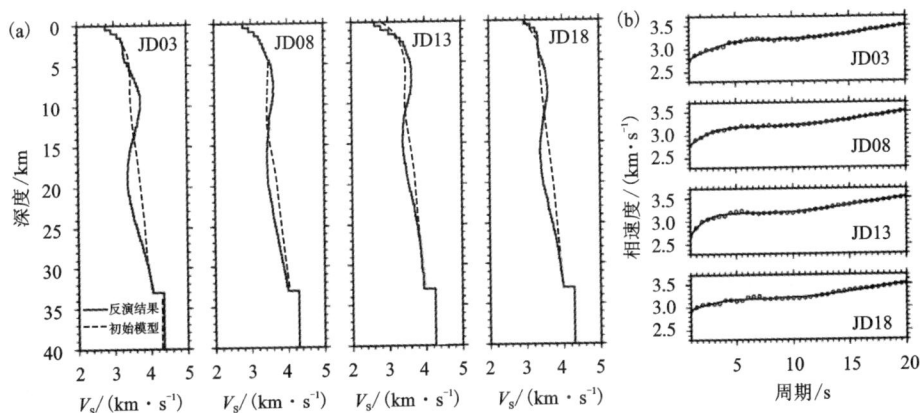

图 4.33　部分台站 S 波速度反演结果

(a)初始速度模型(虚线)和反演结果(实线);

(b)反演结果的频散曲线(实线)与原始频散曲线(圆圈)拟合情况

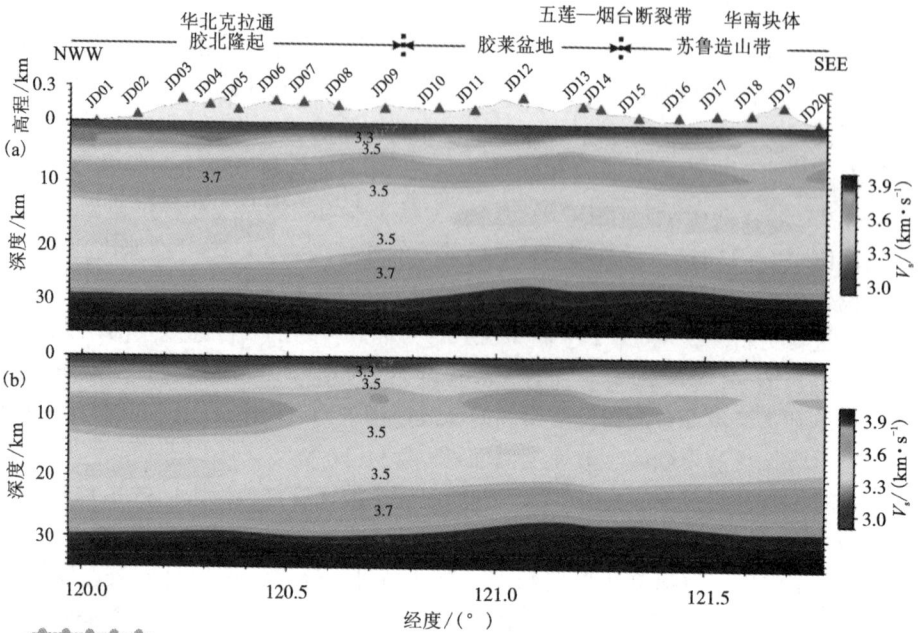

图 4.34　基于不同数据集反演得到的 S 波速度剖面
(a)基于流动台站数据反演得到的 S 波速度结构;
(b)基于流动台站和固定台站数据反演得到的 S 波速度结构

　　绝对 S 波速度图像[图 4.35(b)]显示,胶东地区沉积层普遍较薄,且从西北向东南呈逐渐变浅的趋势。浅地表低速异常与主要断层对应良好,但分辨率整体比较有限。最为显著的特征是中地壳普遍发育低速层,该低速层平均速度在 3.4 km/s 左右,且胶北隆起下方低速异常幅值最大,而胶莱盆地下方该低速异常埋深最浅,即该低速层以胶莱盆地为中心整体呈弧拱形。通过分析垂向速度梯度,可以进一步估计该低速层的顶界面在 10~13 km,底界面在 16~21 km。另外,相对速度扰动图像[图 4.35(c)]显示,胶北隆起、胶莱盆地和苏鲁造山带三大构造单元具有明显的构造差异。其中,胶莱盆地和苏鲁造山带以五莲—烟台断裂带为界,断裂带两侧的相对速度扰动具有显著的横向分块特征。与前者不同,胶北隆起与胶莱盆地之间的过渡比较平缓,其交界处中上地壳呈现为 SE 倾向的条带状速度异常,与地表出露的招平断裂的位置相吻合。

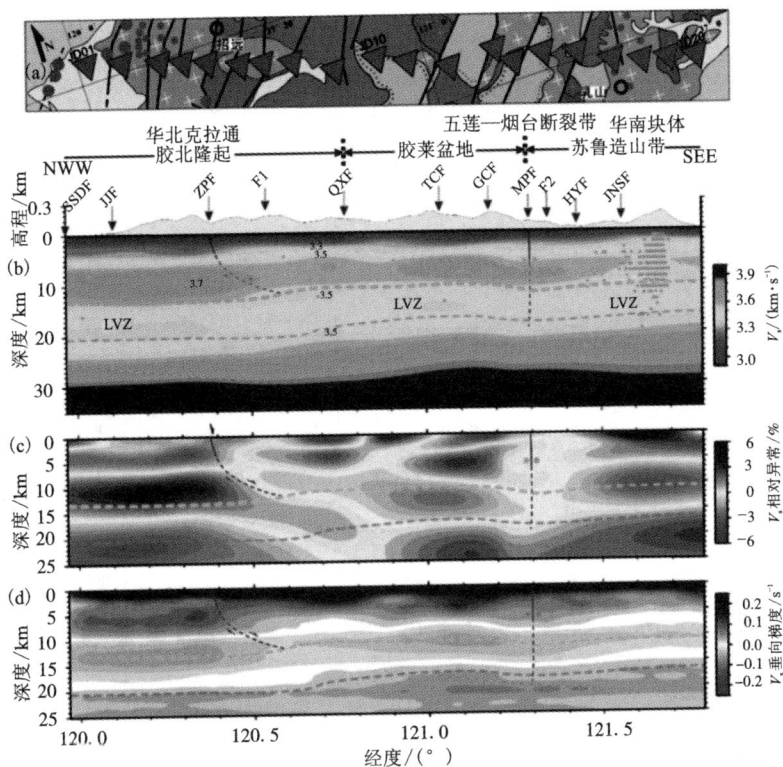

图 4.35 S 波速度成像结果

（a）地质简图；（b）基于流动台站和固定台站数据获得的 S 波速度剖面，灰色圆圈
为 2000—2018 年测线两侧 10 km 范围内历史地震的投影；（c）和（d）分别为基于（b）
计算得到的相对速度扰动和垂向速度梯度。其中灰色实线表示地表观测到的主要断
层，灰色虚线表示推测的断层，箭头表示拆离断层的运动方向，淡蓝色虚线表示低
速层的顶界面，淡红色虚线表示低速层的底界面。SSDF：三山岛断裂；JJF：焦家断裂；ZPF：招远—
平度断裂；QXF：栖霞断裂；TCF：桃村断裂；GCF：郭城断裂；MPF：牟平断裂；HYF：海阳断裂；
JNSF：金牛山断裂

4.5.5　反演结果的不确定性分析

　　由于本研究主要利用的是线性流动台阵数据，辅以较少的区域固定台，因此
对三维结构分辨能力比较有限，很难开展标准的检测板试验。但考虑到流动台阵
是近垂直于主要构造走向（NE—NNE）的，主测线上的射线路径受速度结构横向
非均匀性的影响应该较小，因此开展面波层析成像是可以保证测线下方速度结构
受到有效约束的。为了分析本研究成像结果的横向分辨率以及对比单独使用流动
台和联合使用流动台与固定台时成像结果的差异，我们开展了如图 4.36 所示的

检测板试验。除对 2 s 单独设置了 0.4°×0.4° 的标准棋盘格模型外 [图 4.36(d)]，对 2 s、7 s 和 13 s 均设置了分别如图 4.36(e)~图 4.36(g) 所示的条带状异常模型，且异常为 NE 走向，与实际构造走向相近。异常幅值为 5%，反演参数均与实际资料反演参数相同。

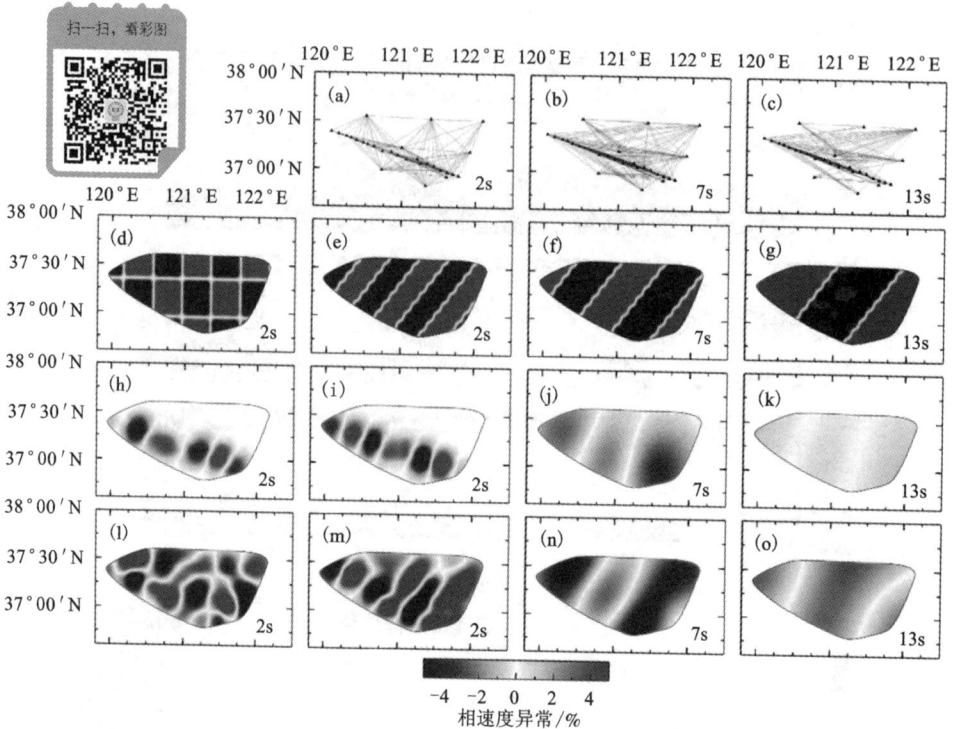

图 4.36　相速度反演检测板试验

(a)、(b) 和 (c) 分别为周期为 2 s、7 s 和 13 s 的射线路径，其中蓝色实线为流动台站间的射线路径，红色实线为区域固定台之间及固定台与流动台之间的射线路径。(d)、(e)、(f) 和 (g) 分别为相应的检测板，其中 (d) 为 0.4°×0.4° 标准检测板，(e)、(f) 和 (g) 分别为宽度为 0.28°、0.42° 和 0.64° 的条带状异常检测板。基于流动台站数据的反演结果分别为 (h)、(i)、(j) 和 (k)。基于流动台站和固定台站数据联合反演的结果分别为 (l)、(m)、(n) 和 (o)

　　检测板试验结果表明，无论是单独使用流动台阵 [图 4.36(h)~图 4.36(k)] 还是联合使用二维台阵 [图 4.36(l)~图 4.36(o)]，2 s、7 s 和 13 s 的相速度反演均分别对 0.28°、0.42° 和 0.64° 的条带状异常有较好的横向分辨能力，可以满足对相速度图像中主要异常 (图 4.31) 的约束。值得注意的是，单独使用流动台数据时对异常的走向无法有效约束，而联合使用二维台阵对异常走向和异常幅值均有更好的约束。因此，联合使用固定台数据是对本研究成像工作的有益补充。由

于 S 波速度是基于每个网格点的纯路径频散曲线反演得到的, 因此 S 波速度反演
与相速度反演的横向分辨率是相当的。

面波的垂向分辨率一般较低, 且与频率有关, 频率越低则垂向分辨率越低。
图 4.37(b) 为基于反演后的平均 S 波速度[图 4.37(a) 虚线]计算的不同周期的
Rayleigh 波相速度敏感核函数。本研究采用的相速度最长周期为 20 s, 敏感核函
数显示该周期对 20 km 左右的地壳结构最敏感, 20 km 以下的分辨能力将随深度
的增加而逐渐降低。因此, 初始速度模型的选取(特别是 20 km 以下)可能会直接
影响反演结果的特征。为此, 我们以 JD08 号台站数据为例, 开展如图 4.38 所示
的不同初始模型测试。

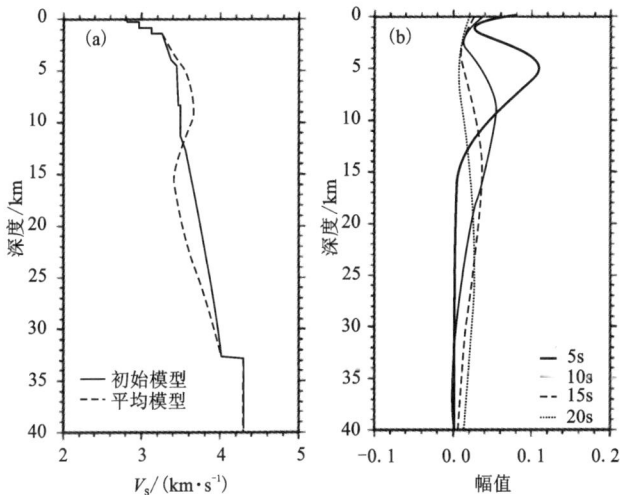

图 4.37 平均速度结构与敏感核函数

(a)初始速度模型(实线)和所有流动台站反演结果的平均速度模型(虚线);
(b)基于反演后的平均速度模型计算的不同周期的 Rayleigh 波相速度敏感核函数

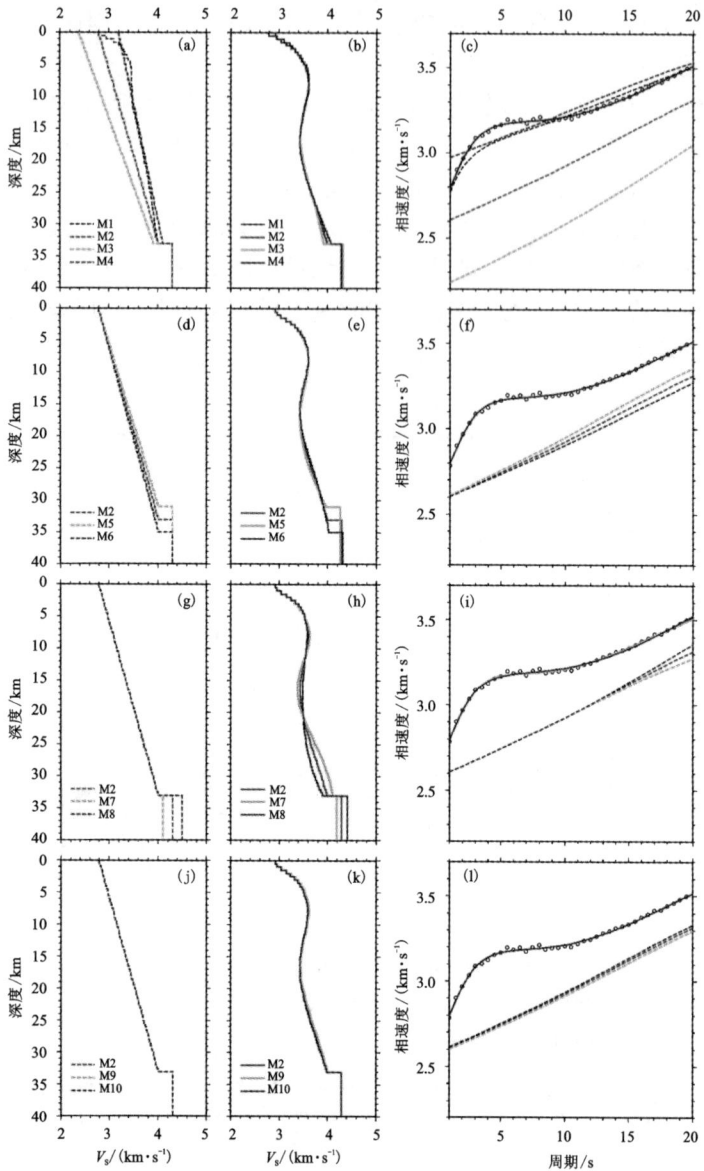

图 4.38　不同初始模型的反演结果比较

以 JD08 号台站下方纯路径频散数据为例。(a)为具有不同地壳速度结构的初始模型,其中 M1 为本研究采用的初始模型,M2、M3 和 M4 为具有不同速度梯度的线性模型,(d)为具有不同莫霍面深度的初始模型,(g)为具有不同地幔速度的初始模型,(j)为具有不同地壳纵、横波速度比的初始模型,M2、M9 和 M10 分别为 1.73、1.76 和 1.79,(b)、(e)、(h)、(k)为相应的反演结果,(c)、(f)、(i)、(l)为相应的频散曲线拟合情况,图例与模型中的图例对应首先，为了分析地壳速度存在系统性偏差时反演结果的差异，我们设计了如图 4.38(a)所示的 4 个模型。其中，M1 为本研究所采用的的初始模型，M2 在地表和地壳底部速度与 M1 相同，但速度随深度呈线性变化，M3 和 M4 的速度分别较 M2 系统性偏低和偏高，以上四个模型的波速比、莫霍面深度、地幔部分的速度均相同。结果[图 4.38(b)]显示，地壳初始速度对反演结果的影响整体较小，仅对 27 km 至莫霍面部分影响较大。另外，尽管胶东地区莫霍面整体比较平坦，但不同台站下方均采用 33 km 的地壳厚度可能仍存在±2 km 左右的误差。为了测试不同初始莫霍面深度对反演结果的影响，我们又比较了如图 4.38(d)所示的 M2、M5 和 M6 三种模型，结果[图 4.38(e)]显示，初始 Moho 面深度基本不影响整体反演结果。此外，为了测试不同初始地幔速度对反演结果的影响，我们还设计了如图 4.38(g)所示的 M2、M7 和 M8 三种模型，结果[图 4.38(h)]显示，初始地幔速度对整个中下地壳的反演结果影响较大，且对 21 km 以下的下地壳影响最大。但仔细分析初始地幔速度和反演结果[图 4.38(g)~图 4.38(h)]可以发现，M7 和 M8 的地幔速度均有向 M2 靠拢的趋势，这表明 M7 和 M8 的初始地幔速度分别存在系统性偏低和偏高的问题，而 M2 的初始地幔速度更为合理，即本研究所采用的 4.3 km/s 是合理的。当然，不同的平均地壳纵横波速度比可能也会影响反演结果。因此我们设计了如图 4.38(j)所示的 M2、M9 和 M10 三种模型，结果[图 4.38(k)]显示波速比对反演结果影响很小。

4.6 频散曲线与接收函数联合反演 S 波速度结构

在开展频散曲线与接收函数联合反演之前，先对不同数据、不同方法之间的成像结果做简单比较，从而系统认识各种组合的优缺点。首先是短周期接收函数与宽频带接收函数之间的比较：两者 CCP 叠加剖面的主要特征基本一致，尽管宽频带接收函数由于低频信号完整，其多次波更清晰；但是不可否认，短周期接收函数由于台站密集且以高频信号为主，对壳内主要速度间断面的刻画更加清晰。因此，在接收函数地壳结构成像方面，以短周期接收函数成像结果为主要参考。

其次是短周期背景噪声成像与宽频带背景噪声成像之间的比较：短周期背景噪声成像由于台站密集，且以高频信号为主，其结果对上地壳结构有很高的分辨率，清晰刻画了胶西北地区以低角度拆离断层为主和牟乳成矿带以高角度走滑断层为主的控矿构造特征，并且很多次级断裂在垂向速度梯度剖面中也有体现；宽频带背景噪声成像的优势是频带宽，能对整个地壳尺度进行成像，由于台站稀疏，其上地壳成像分辨率相对较低，但所揭示的招平断裂和五莲—烟台断裂带这两条重要控矿断裂的的产状特征与短周期背景噪声成像的结果是一致的。因此，在背景噪声成像方面，仍以能兼顾整个地壳结构的宽频带背景噪声成像结果为主。

然后是短周期接收函数成像与宽频带背景噪声成像之间的比较：两者的主要特征是一致的，包括对招平断裂、五莲—烟台断裂带和对中地壳低速层顶、底界面的刻画；由于体波频率高，因此接收函数的分辨率，但 CCP 成像包括一次波和多次波信号的混叠，没有 S 波速度图像直观；面波对绝对速度敏感，因此背景噪声成像可以获得比较准确的 S 波速度结构，但是其分辨率随着深度的增加会明显降低。通过接收函数与频散曲线联合反演，可以充分利用两者的优势。

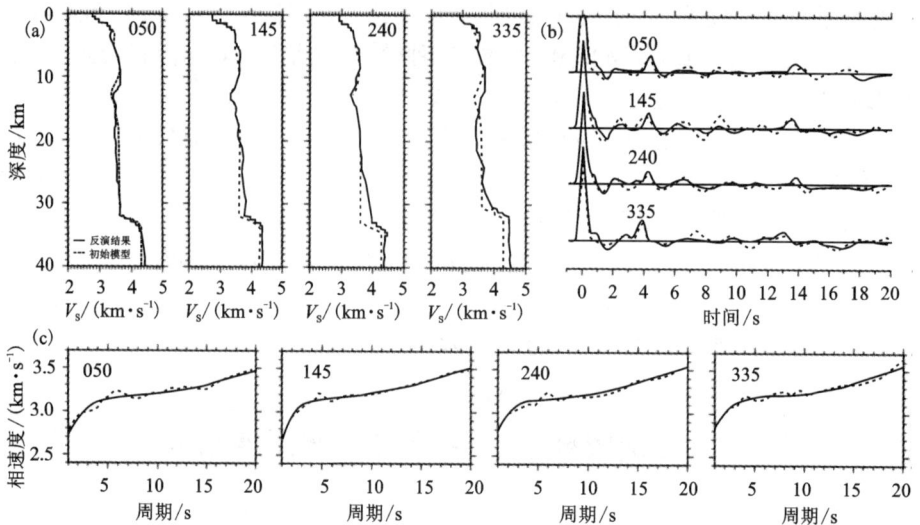

图 4.39　频散曲线与接收函数联合反演

以 050、145、240 和 335 台站为例。(a)各台站的初始速度模型和反演得到的速度模型。(b)为接收函数波形拟合情况，(c)为频散曲线拟合情况，其中虚线表示实际数据，实线表示理论合成数据

本研究利用短周期密集台阵接收函数和宽频带台阵背景噪声提取的相速度频散曲线，联合反演 S 波速度结构。图 4.39 展示了部分台站的数据拟合情况，其中图 4.39(a)中虚线为初始速度模型。联合反演对初始速度模型的要求相对较低，各台站初始速度模型的地壳部分是相同的，其中上地壳部分是基于区域内已有速度模型和先验认识构建的，下地壳部分则固定为 3.6 km/s，莫霍面深度和波速比依据各台站的 H-κ 扫描结果而定，壳幔结合位置为线性过渡。图 4.40(c)为联合反演获得的 S 波速度结构，可以看到其分辨率较背景噪声成像结果有明显提高，且随着接收函数资料的加入，其反演结果的可靠性更高。

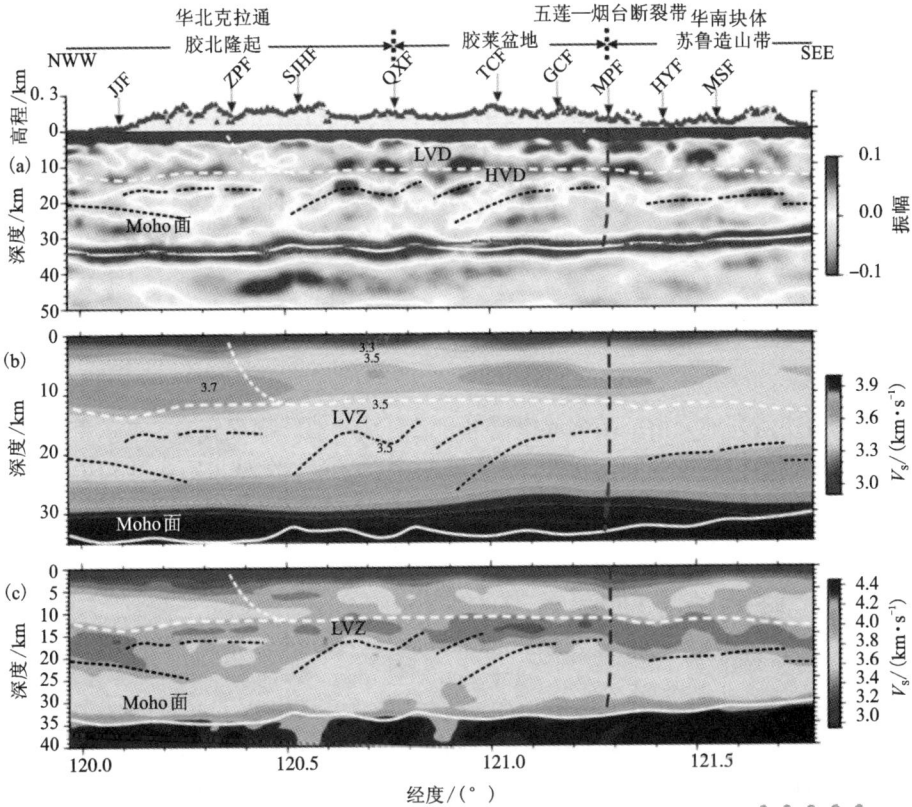

图 4.40 不同方法成像结果对比

(a) 接收函数 CCP 叠加剖面；(b) 背景噪声成像获得的 S 波速度结构；(c) 接收函数与频散曲线联合反演获得的 S 波速度结构。图中线条含义与图 4.8 相同

第5章　胶东地区广泛的地壳伸展
及其对金成矿的启示

结合本研究地壳精细结构成像结果和已有地质地球物理资料,本章重点讨论胶东地区伸展构造发育的普遍性,东、西两个矿集区(胶西北矿集区和牟乳成矿带)控矿构造的差异性,以及构造差异对区域性成矿差异的启示。

5.1　广泛的地壳伸展

从晚中生代至新生代,像华北东部的其他地区一样,胶东地区经历了广泛的地壳和岩石圈伸展,在地表形成了以玲珑变质核杂岩和胶莱断陷盆地为代表的大规模伸展构造[42]。然而在胶东地区,针对地壳深部结构的高分辨率地震观测并不多。本研究基于短周期密集台阵和宽频带台阵联合观测,使得胶东地壳精细结构研究成为了可能。

成像结果显示,胶东地区12~16 km的中地壳普遍发育低速层。事实上,该低速层在以往对胶东及其邻区的地震学研究中已有报道[37, 46, 49, 133],并与大地电磁资料中的高导层相对应[47],但其真实性和构造含义仍存在争议。本研究通过接收函数多次波成像证实了壳内低速间断面的存在,且独立的背景噪声成像结果也支持这一结论。此外,统计结果显示[图4.8(e),灰色圆圈]测线两侧10 km范围内的历史地震主要集中在12 km以浅,而一般最大震源深度与脆韧性过渡带对应[139, 140],因此该低速层的顶界面是有明确的物理意义的。至于其低速特征,我们推测是由水或含盐流体造成的。这一解释可以得到科拉超深钻研究的有力支持[141],并且与全球很多壳内低速层的解释一致[142, 143]。至于水的来源,我们推测可能与古西太平洋俯冲、滞留板片的脱水有关,该地球动力学过程可能进一步导致了上覆岩石圈的弱化、壳幔部分熔融以及巨量岩浆活动[8, 13, 144-148]。这些水可能最终汇聚于中地壳并在新生代弱伸展环境下保留至今。当然,部分熔融也是对低速层的一种解释。但该低速层的电阻率和胶东地区的地表热流值仅分别与全球大陆平均水平[149]和中国大陆平均水平[150]相当,因此我们认为胶东地区现今地壳内部存在部分熔融的可能性很小。简言之,12~16 km 的中地壳低速层,可能是晚中生代至新生代强烈伸展背景下形成的含水或存在含盐流体的脆韧性过渡带。

　　另外比较有趣的是,在胶莱盆地下方,该低速层的底界面由一组北倾界面组成。考虑到胶东地区中生代以来主要经历的两期重要地质事件,我们推测这组北倾界面既可能是三叠纪陆-陆碰撞形成的逆冲推覆构造,也可能是碰撞后期超高压变质岩折返的通道,此外还可能是晚中生代以来伸展背景下形成的拆离断层。然而,平坦的莫霍面和地表大规模发育的伸展构造表明,晚中生代以来胶东地区地壳结构经历了强烈改造,因此存在三叠纪逆冲推覆构造的可能性很小。此外,由于拆离断层一般发育在 15 km 左右的中地壳脆韧性过渡带[151],而该组倾斜界面出现在下地壳,所以是拆离断层的可能性也较小。考虑到超高压变质岩广泛分布于五莲—烟台断裂带以南的特征及其在同碰撞早期至后期的多期次折返[152],因此推测该组倾斜界面可能是碰撞早期形成的一系列逆冲推覆构造在后期进一步活化,成为了超高压变质岩折返的通道。换言之,无论是中地壳低速层,还是胶莱盆地下方的北倾界面,在广义上均属于伸展构造。

5.2　胶西北矿集区控矿构造与地壳深部结构

　　除了以上讨论的全区普遍的伸展构造,精细成像结果还表明胶西北矿集区晚中生代以来地壳伸展和岩浆活动尤为强烈,从上地壳至壳幔过渡带均存在不同形式的伸展作用残留的证据。首先,在脆性的上地壳可以观测到以招平断裂为代表的控矿拆离断层。接收函数 CCP 成像结果和背景噪声成像结果均表明这些拆离断层以东南倾向为主,并汇聚于 12 km 左右的脆韧性过渡带。而下地壳的顶部,高速间断面的特征很弱,表明垂向速度梯度较小。据此推测胶西北地区可能自晚中生代以来经历了强烈的岩浆或成矿热液垂向作用,并破坏了原有的水平层状结构。此外,胶北地体(包括胶北隆起和胶莱盆地)整体较厚的壳幔过渡带表明其下地壳和上地幔顶部可能存在长期的相互作用,这一解释可以得到关于郭家岭花岗闪长岩研究的支持[153],而这种垂向岩浆作用我们认为也是由横向伸展所引起的。以上地震学证据表明胶西北地区的脆韧性过渡带和下地壳强度均较弱,而 Lu 等[154]的端元数值模拟结果表明,上述条件有利于变质核杂岩的形成,即变质核杂岩的理论与胶西北玲珑变质核杂岩(或伸展穹隆)下方的实际观测结果是一致的。简言之,胶西北矿集区强烈的地壳伸展不仅表现为脆性上地壳的拆离断层,还包括在韧性的下地壳和壳幔过渡带由横向伸展引起的垂向岩浆或成矿热液作用。

5.3 牟乳成矿带控矿构造与地壳深部结构

五莲—烟台断裂带作为牟乳成矿带重要的控矿断裂带，从地表观测来看其实是一条脆性走滑断裂带[27, 29]，与区域内其他以伸展拆离断层为主的控矿断裂有所不同。然而，五莲—烟台断裂带的规模及其构造意义仍然存在争议[19, 155, 156]，这主要是受中生代以来多期地质事件叠加作用的影响，包括三叠纪陆-陆碰撞、晚侏罗世左行走滑、早白垩世伸展（伴随胶莱断陷盆地的形成），以及古近纪较弱的右行走滑。幸运的是，地壳精细成像结果表明五莲—烟台断裂带两侧存在明显的地壳结构差异，这些差异体现在莫霍面的深度和结构、中地壳低速层、上地壳波速比、上地壳 S 波速度结构，以及布格重力异常等，暗示五莲—烟台断裂带可能是切穿地壳的深大断裂。但是，这些差异可能是三叠纪、早白垩世乃至新生代以来多期次地质事件叠加作用的结果，下面将逐一分析讨论。

五莲—烟台断裂带以南出露的超高压变质岩清晰地揭示了三叠纪大陆深俯冲事件，但胶东地区整体平坦的莫霍面表明，晚中生代以来胶东地区的岩石圈乃至下地壳已经被大规模改造，因此该地壳尺度的错断可能是在三叠纪陆-陆碰撞之后形成的。至于五莲—烟台断裂带是否为三叠纪缝合线仍需进一步研究。另一方面，五莲—烟台断裂带还被认为是早白垩世胶莱盆地伸展、断陷的构造边界[17, 19]。但对于正断层而言，直接切穿地壳并造成断裂带两侧莫霍面倾向相反是非常困难的。最后，进一步排除古近纪弱构造活动的影响，我们推测五莲—烟台断裂带可能主要是晚侏罗世以来形成的走滑断裂。

此外，五莲—烟台断裂带以南的苏鲁造山带存在低上地壳波速比和低布格重力异常特征，我们推测可能主要是受大规模中生代花岗岩分布的影响（花岗岩偏长英质且密度偏低[34, 157]），因为胶北隆起也具有类似特征。至于胶莱盆地上地壳波速比偏高的特征，我们认为这只是前寒武变质岩（主要发育在胶莱盆地边缘）和中生代花岗岩（主要发育在胶北隆起和苏鲁造山带）之间的相对特征，因此不做特别讨论。总之，五莲—烟台断裂带两侧地壳结构存在显著的几何和物理性质差异，这些特征虽然不能作为三叠纪缝合线的证据，但它们可以表明五莲—烟台段裂带可能是切穿地壳的陡倾断裂，同时也是苏鲁造山带和胶北地体之间重要的构造边界。另外，苏鲁造山带尖锐的莫霍面表明，造山后期以高密度榴辉岩为主的山根可能因重力作用而发生了拆沉[158]，这一解释可以得到苏鲁地区有关麻粒岩地球化学研究的支持[159]。简言之，牟乳成矿带壳幔相互作用的形式与胶西北地区有所不同，超壳尺度的五莲—烟台断裂带可能直接作为构造薄弱带为岩浆或成矿热液上涌提供了重要通道。

5.4　对胶东区域性成矿差异的启示

　　作为我国最大的黄金基地, 胶东地区的金矿化极不均匀, 存在明显的区域性差异。以本研究剖面横跨的胶西北矿集区和牟乳成矿带为例, 前者金矿床数量多、规模大, 总体矿化高度集中, 其探明金矿储量占胶东金矿总储量的 2/3 以上[3, 21], 而后者不论是矿床数量、规模还是金矿储量均明显偏小、偏少。尽管地质学家已经从围岩、岩浆、流体和构造等角度对胶东金成矿开展了大量研究[3-5, 11, 15, 16, 160-162], 但目前对这一区域性成矿差异的原因并不十分清晰。

　　已有研究表明, 胶西北矿集区和牟乳成矿带具有相同的成矿构造背景, 即两者均处于西太平洋活动大陆边缘(图 5.1), 其中的金矿床均形成于早白垩世(130~120 Ma), 同时成矿过程与华北克拉通破坏过程中的岩石圈减薄作用具有高度的时空耦合关系[4, 13], 因此两者的成矿动力学机制也应该是相同或相似的。另一方面, 两个矿集区均经历了中生代强烈的岩浆活动, 且岩浆作用的规模和类型也是相同或相似的, 即两地区均发育大规模中生代花岗岩类侵入体及煌斑岩脉, 其中的花岗岩类均主要形成于两个阶段: 晚侏罗世地壳重熔型花岗岩和早白垩世壳幔混合型花岗岩[33, 34]; 这些岩浆岩类, 特别是煌斑岩脉被认为与金成矿具有密切的时空及成因联系[10, 163-165]。胶西北与牟乳两个矿集区的上述共性, 表明成矿大地构造背景与岩浆作用可能并不是导致胶东地区成矿区域性差异的主要原因。

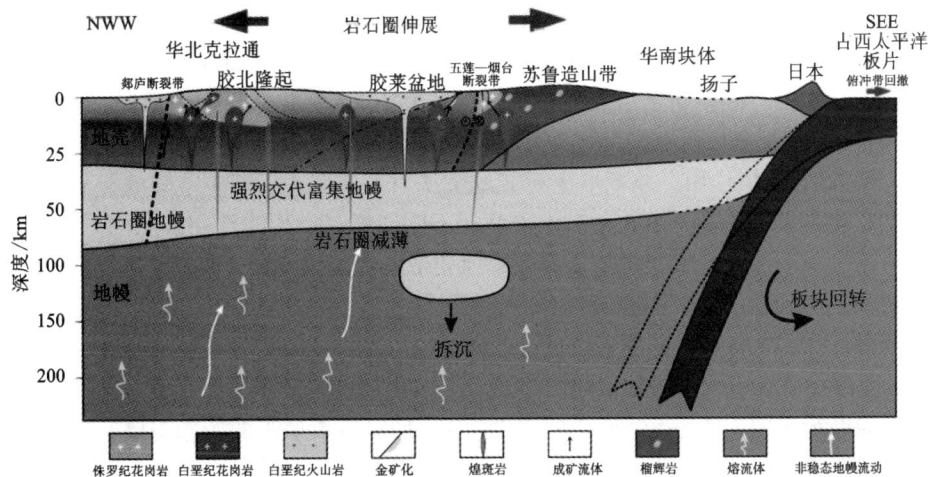

图 5.1　早白垩世胶东金成矿的构造-岩浆背景[13, 21]

　　矿床学研究揭示,胶西北与牟乳两个矿集区的金矿化也存在一定差异。一方面,两地区的金矿化类型存在差别。胶西北矿集区蚀变岩型矿化与石英脉型矿化并存且以蚀变岩型为主,而牟乳矿集区(带)则以石英脉型矿化为主,蚀变岩型矿化几乎不发育[5, 161]。另一方面,两地区控矿断裂的性质与产状存在明显差异。胶西北地区金矿床主要受控于中低角度的韧性剪切带(拆离断层),尽管也有部分金矿床(如东部的珑玲金矿)受控于中高角度的脆性断裂,而牟乳成矿带金矿床受控于高角度的脆性断裂[20, 21]。这一特征与本研究地壳结构的成像结果所揭示的两地区控矿断裂深部发育特征相吻合,即胶西北地区发育大规模拆离断层,且倾角向深部有更缓的趋势,并可能与中地壳脆韧性过渡带相连;东部的牟乳成矿带控矿的主要高角度脆性断裂在深部仍具有高角度发育特征,并没有变缓的趋势。控矿构造的差异其实是地壳伸展规模差异的体现,而胶西北中下地壳可能经历的强烈岩浆或成矿热液垂向作用,也应该是地壳强烈横向伸展的结果;牟乳成矿带尽管也发育低角度正断层,但其规模很小(如胶莱盆地北缘的层间滑脱带,对成矿贡献可能不大),表明伸展规模相对较小,五莲—烟台断裂带这一超壳断裂可能直接为幔源岩浆上涌提供了重要通道。再者,两个矿集区的变质岩类型也存在一定的差异。胶西北地区的变质岩类为以太古代胶东群为代表的角闪岩相或麻粒岩相变质岩[166],而牟乳矿集区则发育以早中生代榴辉岩相为主的高压-超高压变质岩。

　　尽管上述这些不同之处均可能造成胶东地区两个主要矿集区成矿的区域性差异,但两者地壳伸展的规模及其造成的控矿构造的差别应该是主控因素。这主要有两方面的原因。一是矿化类型的不同是断裂带内赋矿空间多样化的表现。蚀变岩型矿化以成矿流体充填弥散型空间(裂隙)为特征,交代蚀变作用强烈,故形成浸染状-细脉浸染状矿石,而石英脉型矿化则以成矿流体充填大的连续空间(裂隙)为特色,充填作用主导下形成石英脉型矿石。实际上,赋矿空间的差异又是构造作用的产物,换言之,金矿化类型的不同同样是受构造作用控制的。第二,控矿断裂的规模及产状直接控制着破碎蚀变带的规模及产状。研究与勘探实践均表明,在胶东地区,尽管石英脉型矿石的品位总体上要比蚀变岩型高,但是后者的规模巨大,故其储量在胶东地区占主导地位。本书成像结果及前人研究共同表明,胶西北矿集区大规模的矿床均主要产于三山岛、焦家和招平三条大规模低角度拆离断层带中,且均以蚀变岩型矿化为主,而牟乳成矿带的矿床主要产在高角度走滑断裂带内,以石英脉型矿化为主。这些特征清楚地说明,两者地壳伸展的规模及其造成的控矿构造差异直接控制着两地区的成矿差异性。

　　至于两个矿集区变质岩类型的差异对胶东地区成矿差异性的贡献,我们认为应该非常有限,因为大量的研究表明胶东金矿床与晚中生代的花岗岩类侵入体和煌斑岩脉等有成因关系[10, 11, 161~165],是混合成因流体直接作用的产物,与变质岩的类型及变质相没有直接关系。需要说明的是：胶东巨量金成矿的形成机制非常复杂，本研究仅尝试从矿集区地壳结构所揭示的构造产状、规模和类型等与金矿分布的关系等宏观角度做了粗浅探讨，具体机理尚需地质地球化学与地球物理学等多学科的进一步综合研究。

简言之，笔者认为，在华北克拉通破坏的峰期，胶西北地区巨量金成矿的形成与强烈的地壳伸展、巨量的岩浆活动，以及古西太平洋滞留板片的脱水密切相关，且主要受控于大规模缓倾的拆离断层；而东部的牟乳成矿带以高角度的脆性（走滑）断裂为主，尽管其成矿动力学机制等与胶西北地区相同，但可能因为伸展程度相对较低且断层倾角较大而不利于金的沉淀和富集。胶西北和牟乳两个矿集区地壳伸展规模的差异及其造成的控矿构造的不同应该是引起区域性成矿差异的主控因素。

第6章　结论与展望

6.1　认识与结论

基于胶东地区地壳精细结构成像研究，我们获得了以下初步结论：

(1)胶东地区地壳平均厚度为33 km，平均纵横波速度比为1.76。12~16 km的中地壳普遍发育含水或存在含盐流体的脆韧性过渡带。胶莱盆地中下地壳存在一组北倾界面，可能是三叠纪陆-陆碰撞期间形成的一系列逆冲推覆构造在后期活化成为了超高压变质岩折返的通道。中地壳低速层的形成以及早期逆冲推覆构造的活化可能均与晚中生代强烈伸展构造背景有关，它们均表明胶东地区可能经历了广泛的地壳伸展。

(2)胶西北矿集区地壳伸展尤为强烈，从地表至壳幔过渡带均存在不同形式的伸展作用残留的证据，包括脆性上地壳以拆离断层为主的横向拉张，中地壳普遍发育的低速、高导的韧性剪切带/脆韧性过渡带，以及韧性下地壳和壳幔过渡带可能由于横向伸展引起的强烈岩浆垂向作用。

(3)牟乳成矿带主要受控于具有走滑性质的五莲—烟台断裂带。五莲—烟台断裂带两侧，莫霍面、中地壳低速层顶、底界面均存在不同程度的错断，而上地壳纵横波速度比、布格重力异常和壳幔过渡带厚度也存在显著差异，这些差异表明五莲—烟台断裂带可能是切穿地壳的深大陡倾断裂，同时也是苏鲁造山带与胶北地体之间的构造边界。

(4)在华北克拉通破坏的峰期，强烈的地壳伸展、巨量的岩浆活动以及古西太平洋俯冲滞留板片的脱水可能是造成胶西北地区金矿高度集中的重要原因。而牟乳成矿带主要受控于高角度的脆性(走滑)断裂，可能是由于断层倾角较大而不利于金的沉淀和富集。地壳伸展规模的差异及其造成的控矿构造的差异可能是造成胶东东、西部成矿差异的主要原因。

6.2　今后的工作设想

本书从不同角度开展了胶东地区地壳精细结构研究，为深入认识胶东巨量金成矿的控矿构造背景以及指导深部找矿等提供了地球物理支撑。基于目前的研究工作，为进一步研究克拉通破坏峰期强烈构造–岩浆活动与巨量金成矿的内在联系，今后拟开展如下工作：

（1）利用胶东地区短周期密集台阵和宽频带台阵数据，一方面基于 H/V 谱比法、高频接收函数方法等深化对上地壳浅部构造的研究，另一方面则基于面波各向异性方法从多属性的角度深入研究胶东地区地壳结构。

（2）联合区域固定台站数据和已有宽频流动台站数据，一方面拓展胶东地区岩石圈地幔深部结构研究，另一方面则开展胶东矿集区与华北克拉通东部其他主要矿集区的地壳结构对比研究。

参考文献

[1] Carlson R W, Pearson D G, James D E. Physical, chemical, and chronological characteristics of continental mantle [J]. Rev. Geophys. , 2005, 43: RG1001.

[2] 吴福元, 徐义刚, 高山, 等. 华北岩石圈减薄与克拉通破坏研究的主要学术争议[J]. 岩石学报, 2008, 24(6): 1145-1174.

[3] Fan H R, Zhai M G, Xie Y H, et al. Ore-forming fluids associated with granite-hosted gold mineralization at the Sanshandao deposit, Jiaodong gold province, China[J]. Miner. Depos. , 2003, 38: 739-750.

[4] Yang J H, Wu F Y, Wilde S A. A review of the geodynamic setting of large-scale Late Mesozoic gold mineralization in the North China Craton: An association with lithospheric thinning[J]. Ore. Geol. Rev. 2003, 23: 125-152.

[5] Song M C, Li S Z, Santosh M, et al. Types, characteristics and metallogenesis of gold deposits in the Jiaodong Peninsula, Eastern North China Craton Original[J]. Ore. Geol. Rev. , 2015, 65: 612-625.

[6] Wu F Y, Lin J Q, Simon A W, et al. Nature and significance of the Early Cretaceous giant igneous event in eastern China [J]. Earth Planet. Sci. Lett. , 2005, 233: 103-119.

[7] 徐义刚, 李洪颜, 庞崇进, 等. 论华北克拉通破坏的时限[J]. 2009, 54: 1974-1989.

[8] 朱日祥, 郑天愉. 华北克拉通破坏机制和古元古代板块构造体系[J]. 科学通报, 2009, 54 (14): 1950-1961.

[9] 朱日祥, 陈凌, 吴福元, 等. 华北克拉通破坏的时间、范围与机制[J]. 中国科学: 地球科学, 2011, 41: 583-592.

[10] 申玉科, 邓军, 徐叶兵. 煌斑岩在玲珑金矿田形成过程中的地质意义[J]. 地质与勘探, 2005, 41(3): 45-49.

[11] Mao J W, Wang Y T, Li H M, et al. The relationship of mantle-derived fluids to gold metallogenesis in the Jiaodong Peninsula: Evidence from D-O-C-S isotope systematics [J]. Ore Geol. Rev. , 2008,33: 361-381.

[12] Goldfarb R J, Santosh M. The dilemma of the Jiaodong gold deposits: Are they unique? [J].

Geoscience Frontiers, 2014, 5: 139-153.

［13］朱日祥, 范宏瑞, 李建威, 等. 克拉通破坏型金矿床［J］. 中国科学: 地球科学, 2015, 45: 1153-1168.

［14］Zhu R X, Zhang H F, Zhu G, et al. Craton destruction and related resources［J］. Int. J. Earth Sci. 2017, 106: 2233-2257.

［15］Deng J, Liu X F, Wang Q F, et al. Origin of the Jiaodong-type Xinli gold deposit, Jiaodong Peninsula, China: Constraints from fluid inclusion and C-D-O-S-Sr isotope compositions ［J］. Ore. Geol. Rev. , 2014, 65: 674-686.

［16］Qiu Y M, Groves D I, McNaughton N J, et al. Nature, age, and tectonic setting of granitoid-hosted, orogenic gold deposits of the Jiaodong Peninsula, eastern North China Craton, China ［J］. Miner. Depos. , 2002, 37: 283-305.

［17］李金良, 张岳桥, 柳宗泉, 等. 胶莱盆地沉积-沉降史分析与构造演化［J］. 中国地质, 2007, 34(2): 240-250.

［18］李洪奎, 禚传源, 耿科, 等. 胶东金矿成矿构造背景探讨［J］. 山东国土资源, 2012, 28(1): 5-13.

［19］Zhou J B, Wilde S A, Zhao G C, et al. SHRIMP U – Pb zircon dating of the Wulian complex: Defining the boundary between the North and South China Cratons in the Sulu Orogenic Belt, China［J］. Precambrian Res. , 2008, 162: 559-576.

［20］杨立强, 邓军, 王中亮, 等. 胶东中生代金成矿系统［J］. 岩石学报, 2014, 30 (9): 2447-2467.

［21］宋明春. 胶东金矿深部找矿主要成果和关键理论技术进展［J］. 地质通报, 2015, 34(9): 1758-1771.

［22］Zhang Y Q, Dong S W, Shi W. Cretaceous deformation history of the middle Tan-Lu fault zone in Shandong Province, eastern China［J］. Tectonophysics, 2003, 363: 243-258.

［23］周建波, 韩伟, 宋明春. 苏鲁地体折返与郯庐断裂活动:莱阳盆地中生界碎屑锆石年代学的制约［J］. 岩石学报, 2016, 32(04): 1171-1181.

［24］Li S G, Xiao Y L, Liou D L, et al. Collision of the North China and Yangtse Blocks and formation of coesite – bearing eclogites: timing and processes ［J］. Chem. Geol. , 1993, 109: 89-111.

［25］Yin A, Nie S Y. An indentation model for the North and South China collision and the development of the Tan-Lu and Honam Fault Systems, eastern Asia［J］. Tectonics, 1993,12: 801-813.

［26］Xu Z Q, Yang W C, Ji S C, et al. Deep root of a continent-continent collision belt: Evidence from the Chinese Continental Scientific Drilling (CCSD) deep borehole in the Sulu ultrahigh-pressure (HP – UHP) metamorphic terrane, China ［J］. Tectonophysics, 2009, 475 (2): 204-219.

［27］翟明国, 郭敬辉, 王清晨, 等. 苏鲁变质带北部的岩石构造单元及结晶块体推覆构造［J］. 地质科学, 2000, 35(1): 16-26.

[28] 林伟, Michel F, 王清晨. 胶东半岛中生代构造演化的几何学和运动学[J]. 地质科学, 2003, 38(4): 495-505.

[29] 张岳桥, 李金良, 张田, 等. 胶东半岛牟平-即墨断裂带晚中生代运动学转换历史[J]. 地质评论, 2007, 53(3): 289-300.

[30] 钟增球, 索书田, 张宏飞, 等. 桐柏-大别碰撞造山带的基本组成与结构[J]. 地球科学, 2001, 26(6): 560-657.

[31] Xu P F, Liu F T, Ye K, et al. Flake tectonics in the Sulu orogeny in eastern China as revealed by seismic tomography [J]. Geophys. Res. Lett., 2002, 29(10): 23-1-23-4.

[32] Yang W C. Geophysical profiling across the Sulu ultra-high-pressure metamorphic belt, eastern China[J]. Tectonophysics, 2002, 354(3): 277-288.

[33] 吴福元, 李献华, 杨进辉, 等. 花岗岩成因研究的若干问题[J]. 岩石学报, 2007, 23(6): 1217-1238.

[34] 张田, 张岳桥. 胶东半岛中生代侵入岩浆活动序列及其构造制约[J]. 高校地质学报, 2007, 13(2): 323-336.

[35] 宋明春, 宋英昕, 丁正江, 等. 胶东金矿床: 基本特征和主要争议[J]. 黄金科学技术, 2018, 26(4): 406-422.

[36] Zheng T Y, Chen L, Zhao L, et al. Crust-mantle structure difference across the gravity gradient zone in North China Craton: Seismic image of the thinned continental crust[J]. Phys. Earth Planet. Inter., 2006, 159: 43-58.

[37] Zheng T Y, Zhao L, Xu W W, et al. Insight into modification of North China Craton from seismological study in the Shandong Province[J]. Geophys. Res. Lett. 2008b, 35: L22305.

[38] Chen L, Zheng T Y, Xu W W. A Thinned Lithospheric Image of the Tanlu Fault Zone, Eastern China: Constructed from Wave Equation Based Receiver Function Migration[J]. J. Geophys. Res., 2006, 111: B09312.

[39] Chen L, Wang T, Zhao L, et al. Distinct Lateral Variation of Lithospheric thickness in the Northeastern North China Craton[J]. Earth Planet. Sci. Lett. 2008, 267: 56-68.

[40] Chen L. Lithospheric Structure variations between the eastern and central North China Craton from S- and P-Receiver Function Migration[J]. Phys. Earth Planet. Inter. 2009, 173: 216-227.

[41] Chen L. Concordant structural variations from the surface to the base of the upper mantle in the North China Craton and its tectonic implications[J]. Lithos, 2010, 120: 96-115.

[42] Lin W, Wei W. Late Mesozoic extensional tectonics in the North China Craton and its adjacent regions: a review and synthesis[J]. Int. Geol. Rev., 2018,62: 811-839.

[43] Zhu G, Liu C, Gu C C, et al. Oceanic plate subduction history in the western Pacific Ocean: Constraint from late Mesozoic evolution of the Tan-Lu Fault Zone[J]. Sci. China Earth Sci., 2018, 61: 386-405.

[44] Yang J H, Wu F Y, Chung S L, et al. Petrogenesis of Early Cretaceous instructions in the Sulu ultrahigh-pressure orogenic belt, east China and their relationship to lithospheric thinning[J]. Chem. Geol., 2005, 222: 200-231.

[45] 马杏垣, 刘昌铨, 刘国栋. 江苏响水至内蒙古满都拉地学断面[J]. 地质学报, 1991, 3: 199-215.

[46] 潘素珍, 王夫运, 郑彦鹏, 等. 胶东半岛地壳速度结构及其构造意义[J]. 地球物理学报, 2015, 58(9): 3251-3263.

[47] Zhang K, Lu Q T, Yan J Y, et al. Crustal structure beneath the Jiaodong Peninsula, North China, revealed with a 3D inversion model of magnetotelluric data[J]. Journal of Geophysics and Engineering, 2018, 15: 2442-2454.

[48] Li C L, Chen C X, Dong D D, et al. Ambient noise tomography of the Shandong province and its implication for Cenozoic intraplate volcanism in eastern China [J]. Geochemistry, Geophysics, Geosystems, 2018, 19: 3286-3301.

[49] 孟亚锋, 姚华建, 王行舟, 等. 基于背景噪声成像方法研究郯庐断裂带中南段及邻区地壳速度结构与变形特征[J]. 地球物理学报, 2019, 62(7): 2490-2509.

[50] Ai Y S, Zheng T Y. The upper mantle discontinuity structure beneath eastern China [J]. Geophys. Res. Lett., 2003, 30(21): 2089.

[51] 霍光辉, 罗卫. 应用地球物理资料对胶南地体构造特征的探讨[J]. 山东地质, 1993, 9(2): 45-51.

[52] 张宝林, 苏艳平, 张国梁, 等. 胶东典型含矿构造岩相带的地质-地球物理信息预测方法与找矿实践[J]. 地学前缘, 2017, 24(2): 85-94.

[53] Yu X F, Shan W, Xiong Y X, et al. Deep structural framework and genetic analysis of gold concentration areas in the northwestern Jiaodong Peninsula, China: A new understanding based on high-reslution reflective seismic survey [J]. Acta Geologica Sinica, 2018, 92(5): 1823-1840.

[54] 李威, 马凤山, 卢湘鹏, 等. 基于三维地震探测的海底矿区地质结构分析[J]. 黄金科学技术, 2019, 27(4): 530-538.

[55] Fang H J, Yao H J, Zhang H J, et al. Direct inversion of surface wave dispersion for three-dimensional shallow crustal structure based on ray tracing: methodology and application [J]. Geophys. J. Int., 2015, 201: 1251-1263.

[56] Li C, Yao H J, Fang H J, et al. 3D near-surface shear-wave velocity structure from ambient-noise tomography and borehole data in the Hefei Urban Area, China [J]. Seismol. Res. Lett., 2016a, 87(4): 882-892.

[57] Li Z W, Ni S D, Zhang B L, et al. Shallow magma chamber under the Wudalianchi Volcanic Field unveiled by seismic imaging with dense array [J]. Geophys. Res. Lett., 2016b, 43: 4954-4961.

[58] Roux P, Moreau L, Lecointre A, et al. A methodological approach towards high-resolution surface wave imaging of the San Jacinto Fault Zone using ambient-noise recordings at a spatially dense array [J]. Geophys. J. Int., 2016, 206: 980-996.

[59] Liu Z, Tian X B, Gao R, et al. New images of the crustal structure beneath eastern Tibet from a high-density seismic array[J]. Earth Planet. Sci. Lett., 2017, 480: 33-41.

[60] Phinney R A. Structure of the Earth's crust from spectral behavior of long-period body waves

[J]. J. Geophys. Res. Atmosphere, 1964, 69: 2997-3017.

[61] Vinnik L P. Detection of waves converted from P to SV in the mantle [J]. Phys. Earth Planet. Inter., 1977, 15:39-45.

[62] Burdick L J, Langston C A. Modeling crustal structure through the use of converted phases in teleseismic body waves [J]. Bull. Seism. Soc. Am., 1977, 67: 667-691.

[63] Langston C A. Structure under Mount Rainer, Washington, inferred from teleseismic body waves [J]. J. Geophys. Res., 1979,84: 4749-4762.

[64] Randall G E. Efficient calculation of differential seismograms for lithospheric receiver functions [J]. Geophys. J. Int., 1989, 99:469-481.

[65] Ammon C J, Randall G E, Zandt G. On the nonuniqueness of receiver function inversion [J]. J. Geophys. Res. Atmospheres, 1990, 95: 303-315.

[66] 刘启元, Kind R, 李顺成. 接收函数复谱比的最大或然性估计及非线性反演[J]. 地球物理学报,1996,39(4): 500-511.

[67] 吴庆举, 田小波, 张乃铃, 等. 用 Wiener 滤波方法提取台站接收函数[J]. 中国地震, 2003a, 19(1): 41-47.

[68] 吴庆举, 田小波, 张乃铃, 等. 计算台站接收函数的最大熵谱反褶积方法[J]. 地震学报, 2003b, 25(4): 382-389.

[69] Owens T J, Zandt G, Taylor S R. Seismic evidence for an ancient rift beneath the Cumberland Plateau, Tennessee: A detailed analysis of broadband teleseismic P waveforms [J]. J. Geophys. Res., 1984, 89(B9): 7783-7795.

[70] Dueker K G, Sheehan A F. Mantle discontinuity structure from midpoint stacks of converted P to S waves across the Yellowstone hotspot track [J]. J. Geophys. Res., 1997, 102(B4): 8313-8327.

[71] Zhu L, Kanamori H. Moho depth variation in southern Califiornia from teleseismic receiver functions[J]. J. Geophys. Res., 2000, 105: 2969-2980.

[72] Sheehan A F, Shearer P M, Gilbert H J, et al. Seismic migration processing of P-SV converted phases for mantle discontinuity structure beneath the Snake River Plain, western United States [J]. J. Geophys. Res. Atmospheres, 2000, 105: 19055-19066.

[73] Ryberg T, Weber M. Receiver function arrays: a reflection seismic approach [J]. Geophys. J. Int., 2000, 141(1): 1-11.

[74] Chen L, Wen L, Zheng T. A wave equation migration method for receiver function imaging: 1. Theory[J]. J. Geophys. Res., 2005, 110: B11309.

[75] Yuan X H, Ni J, Kind R, et al. Lithospheric and upper mantle structure of southern Tibet from a seismological passive source experiment [J]. J. Geophys. Res., 1997, 102(B12): 27491-27500.

[76] Farra V, Vinnik L. Upper mantle stratification by P and S receiver functions [J]. Geophys. J. Int., 2000, 141: 699-712.

[77] Oreshin S, Vinnik L, Peregoudov D, et al. Lithosphere and asthenosphere of the Tien Shan

imaged by S receiver functions [J]. Geophys. Res. Lett. , 2002, 29: 32-34.

[78] Vinnik L P, Farra V, Kind R. Deep structure of the Afro-Arabian hotspot by S receiver functions [J]. Geophys. Res. Lett. , 2004a, 31: 373-374.

[79] Yuan X, Kind R, Li X, et al. The S receiver functions: systhetics and data example [J]. Geophys. J. Int. , 2006, 165: 555-564.

[80] Kiselev S, Vinnik L, Oreshin S, et al. Lithosphere of the Dharwar craton by joint inversion of P and S receiver functions [J]. Geophys. J. Int. , 2008, 173: 1106-1118.

[81] Kind R, Yuan X H, Kumar P. Seismic receiver functions and the lithosphere-asthenosphere boundary [J]. Tectonophysics, 2012, 536: 25-43.

[82] Helmberger D, Wiggins R A. Upper mantle structure of midwestern United States [J]. J. Geophys. Res. , 1971, 76(14): 3229-3245.

[83] Rondenay S. Upper mantle imaging with array recordings of converted and scattered teleseismic waves [J]. Surveys in Geophysics, 2009, 30: 377-405.

[84] Aki K, Richards P G. Quantitive Seismology: Theory and Methods [M]. W. H. Freeman and Co. , London, 1980.

[85] 陈九辉. 远震体波接收函数方法:理论与应用 [D]. 北京:中国地震局地质研究所, 2007.

[86] Christensen N I. Poisson's ratio and crustal seismology [J]. J. Geophys. Res. , 1996, 101: 3139-3156.

[87] Efron B, Tibshirani R J. Bootstrap methods for standard errors, confidence intervals, and other measures of statistical accuracy[J]. Statistical Science, 1986, 1(1):54-77.

[88] Zhu L P. Crustal structure across the San Andreas Fault, southern California from teleseismic waves[J]. Earth Planet. Sci. Lett. , 2000, 179: 183-190.

[89] Sen M K, Stoffa P L. Nonlinear one-dimensional seismic waveform inversion using simulated annealing[J]. Geophysics, 1991, 56(10): 1624-1638.

[90] Sambridge M. Geophysical inversion with a neighbourhood algorithm- I. Search a parameter space[J]. Geophys. J. Int. , 1999a, 138: 479-494.

[91] Sambridge M. Geophysical inversion with a neighbourhood algorithm-II. Appraising the ensemble[J]. Geophys. J. Int. , 1999b, 138: 727-746.

[92] Julià J, Ammon C J, Herrmann R B, et al. Joint inversion of receiver function and surface wave dispersion observations[J]. Geophys. J. Int. , 2000, 143: 99-112.

[93] Vinnik L P, Reigber C, Aleshin I M, et al. Receiver function tomography of the central Tien Shan[J]. Earth Planet. Sci. Lett. , 2004b, 225: 131-146.

[94] Aki K. Space and time spectra of stationary stochastic waves, with special reference to mrcrotremors[J]. Bull. Earthquake Res. Inst. Tokyo Univ. , 1957, 35: 415-456.

[95] Claerbout J F. Synthesis of a layered medium from its acoustic transmission response [J]. Geophysics, 1968, 32(2): 264.

[96] Duvall T L, Jefferies S M, Harvey J W, et al. Time-distance helioseismology[J]. Advances in Space Research, 1993, 362(6419): 163-171.

[97] Lobkis O I, Weaver R L. On the emergence of the Green's function in the correlations of a diffuse field [J]. Journal of the Acoustical Society of America, 2001, 110(6): 3011-3017.

[98] Campillo M, Paul A. Long-range correlations in the diffuse seismic coda[J]. Science, 2003, 299(5606): 547.

[99] Snieder R. Extracting the Green's function from the correlation of coda waves: A derivation based on stationary phase[J]. Physical Review E, 2004, 69(4): 046610.

[100] Shapiro N M, Campillo M, Stehly L, et al. High-resolution surface-wave tomography from ambient seismic noise[J]. Science, 2005, 307(5715): 1615-1618.

[101] Roux P, Sabra K G, Gerstoft P, et al. P-waves from cross-correlation of seismic noise[J]. Geophys. Res. Lett., 2005, 32(19): 312-321.

[102] Zhan Z W, Ni S D, Helmberger D V, et al. Retrieval of Moho-reflected shear wave arrivals from ambient seismic noise[J]. Geophys. J. Int., 2010, 182(1): 408-420.

[103] Ito Y, Shiomi K. Seismic scatters within subducting slab revealed from ambient noise autocorrelation[J]. Geophys. Res. Lett., 2012, 39(39): 19303.

[104] Poli P, Campillo M, Pederson H, et al. Body-wave imaging of Earth's mantle discontinuities from ambient seismic noise [J]. Science, 2012, 338(6110): 1063-1065.

[105] Nishida K. Global propagation of body waves revealed by cross-correlation analysis of seismic hum[J]. Geophys. Res. Lett., 2013, 40(9): 1691-1696.

[106] Boué P, Poli P, Campillo M, et al. Teleseismic correlations of ambient seismic noise for deep global imaging of the Earth[J]. Geophys. J. Int., 2013, 194(2): 844-848.

[107] Stehly L, Campillo M, Froment B, et al. Reconstructing Green's function by correlation of the coda of the correlation (C^3) of ambient seismic noise[J]. J. Geophys. Res. Atmospheres, 2008, 113: B11306.

[108] Spica Z, Perton M, Calò M, et al. 3-D shear wave velocity model of Mexico and South US: bridging seismic networks with ambient noise cross-correlations (C^1) and correlation of coda of correlations (C^3) [J]. Geophys. J. Int., 2016, 206: 1975-1813.

[109] Weaver R L. Information from seismic noise[J]. Science, 2005, 307(5715): 1568-1569.

[110] Snieder R, Larose E. Extracting Earth's elastic wave response from noise measurements[J]. Annual Review of Earth and Planetary Sciences, 2013, 41(1): 183-206.

[111] Bensen G D, Ritzwoller M H, Barmin M P, et al. Processing seismic ambient noise data to obtain reliable broad-band surface wave dispersion measurements [J]. Geophys. J. Int., 2007, 169: 1239-1260.

[112] 房立华,吴建平,吕作勇. 地区基于噪声的瑞利面波群速度层析成像[J]. 地球物理学报, 2009, 52(3): 663-671.

[113] Yao H J, van der Hilst R D, de Hoop M V. Surface-wave array tomography in SE Tibet from ambient seismic noise and two-station analysis-I. Phase velocity maps[J]. Geophys. J. Int., 2006, 166: 732-744.

[114] Paul A, Campillo M, Margerin L, et al. Empirical synthesis of time-asymmetrical Green

functions from the correlation of coda waves [J]. Resusciation, 2005, 110(8): 898-904.

[115] Bonnefoy-Clauder S, Cotton F, Bard P Y. The nature of noise wavefield and its applications for site effects studies: A literature review[J]. Earth-Science Reviews, 2006, 79(3-4): 205-227.

[116] Hasselmann K. A statistical analysis of the generation of microseisms [J]. Reviews of Geophysics, 1963, 1(2): 177-210.

[117] Rhie J, Romanowicz B. Excitation of Earth's continuous free oscillations by atmosphere-ocean - seafloor coupling[J]. Nature, 2004, 431(7008): 552-556.

[118] Stehly L, Campillo M, Shapiro N M. A study of the seismic noise from its long-range correlation properties[J]. J. Geophys. Res. Solid Earth, 2006, 111(B10): 5251-5252.

[119] Pedersen H A, Krüger F. Influence of the seismic noise characteristics on noise correlations in the Baltic shield [J]. Geophysical Journal of the Royal Astronomical Sciety, 2007, 168(1): 197-210.

[120] Yang Y J, Ritzwoller M H. Characteristics of ambient seismic noise as a source for surface wave tomography[J]. Geochem. Geophys. Geosyst. , 2008, 9: Q02008.

[121] Knopoff L, Mueller S, Pilant W L. Structure of the crust and upper mantle in the Alps from the phase velocity of Rayleigh waves[J]. Bull. Seism. Soc. Am. , 1966, 56(5): 1009-1044.

[122] Landisman M, Dziewonski A, Satô Y. Recent improvements in the analysis of surface wave observations[J]. Geophys. J. Int. , 1969, 17: 369-403.

[123] Dziewonski A, Blich S, Landisman M. A technique for the analysis of transient seismic signals [J]. Bull. Seism. Soc. Am. , 1969, 59(1): 427-444.

[124] Herrin E, Goforth T. Phase-matched filters: application of the study of Rayleigh waves[J]. Bull. Seism. Soc. Am. , 1977, 67(5): 1259-1275.

[125] 周青云. 相位匹配滤波器在面波检测中的应用 [D]. 西安:西安电子科技大学, 2006.

[126] Guo Z, Yang Y J, Chen Y J. Crustal radial anisotropy in Northeast China and its implications for the regional tectonic extension[J]. Geophys. J. Int. , 2016, 207(1): 197-208.

[127] Luo Y H, Yang Y J, Xu Y X, et al. On the limitations of interstation distance in ambient noise tomography[J]. Geophys. J. Int. , 2015, 201(2): 652-661.

[128] Montagner J P. 3-Dimensional structure of the Indian ocean inferred from long period surface waves[J]. Geophys. Res. Lett. , 1986, 13(4): 315-318.

[129] Yao H J, van der Hilst R D, Montagner J P. Heterogeneity and anisotropy of the lithosphere of SE Tibet from surface wave array tomography[J]. J. Geophys. Res. , 2010, 115: B12307.

[130] Herrmann R B. Computer programs in seismology: An evolving tool for instruction and research [J]. Seismol. Res. Lett. , 2013, 84: 1081-1088.

[131] Ligorría J P, Ammon C J. Iterative deconvolution and receiver function estimation[J]. Bull. Seism. Soc. Am. , 1999, 89(5): 1395-1400.

[132] Kennett B L N, Engdahl E R. Travel times for global earthquake location and phase identification[J]. Geophys. J. Int. , 1991, 105: 429-465.

［133］Jia S X, Wang F Y, Tian X F, et al. Crustal structure and tectonic study of North China Craton from a long seismic sounding profile［J］. Tectonophysics, 2014, 627: 48-56.

［134］Wang X, Chen L, Ai Y S, et al. Crustal structure and deformation beneath eastern and northeastern Tibet revealed by P-wave receiver functions［J］. Earth Planet. Sci. Lett. , 2018, 497: 69-79.

［135］Zheng T Y, Zhao L, Zhu R X. Insight into the geodynamics of cratonic reactivation from seismic analysis of the crust - mantle boundary ［J］. Geophys. Res. Lett. , 2008a, 35: L08303.

［136］Zeng X F, Ni S D. Correction to "A persistent localized microseismic source near the Kyushu Island, Japan"［J］. Geophys. Res. Lett. , 2011, 38: L16320.

［137］王伟涛, 倪四道, 王宝善. 中国中东部地震台站噪声互相关函数中面波前驱信号的分析研究［J］. 地球物理学报, 2012, 55(2): 503-512.

［138］Shearer P M. Introduction to Seismology. 2nd ed. ［M］. Cambridge: Cambridge University Press, 2009.

［139］Liu C, Zhu B J, Shi Y L. Lithospheric rheology and Moho upheaval control the generation mechanism of the intraplate earthquakes in the North China Basin［J］. J. Asian Earth Sci. , 2016, 121: 153-164.

［140］Petricca P, Carminati E, Doglioni C, et al. Brittle-ductile transition depth versus convergence rate in shallow crustal thrust faults: Considerations on seismogenic volume and impact on seismicity［J］. Phys. Earth Planet. Inter. , 2018, 284: 72-81.

［141］Kozlovsky Y A. The superdeep well of the Kola Peninsula ［M］. Berlin: Springer Verlag, 1987.

［142］Marquis G, Hyndman R D. Geophysical support for aqueous fluids in the deep crust: seismic and electrical relationships［J］. Geophys. J. Int. , 1992, 110: 91-105.

［143］Xu S, Unsworth M J, Hu X Y, et al. Magnetotelluric Evidence for Asymmetric Simple Shear Extension and Lithospheric Thinning in South China［J］. J. Geophys. Res. Solid Earth, 2019, 124(1): 104-124.

［144］Campbell I H, Taylor S R. No water, no granites-no oceans, no continents［J］. Geophy. Res. Lett. , 1983, 10: 1061-1064.

［145］Thompson A B. Some time-space relationships for crustal melting and granitic intrusion at various depths［J］. Geol. Soc. London. Spec. Publ. , 1999, 168(1): 7-25.

［146］Niu Y L. Generation and evolution of basaltic magmas: Some basic concepts and a hypothesis for the origin of the Mesozoic-Cenozoic volcanism in eastern China［J］. Geol. J. China Univ. , 2005, 11: 9-46.

［147］Niu Y L. Geological understanding of plate tectonics: Basic concepts, illustrations, examples and new perspectives［J］. Global Tectonics and Metallogeny, 2014, 10: 23-46.

［148］Menzies M A, Xu Y G, Zhang H F, et al. Integration of geology, geophysics and geochemistry: A key to understanding the North China Craton［J］. Lithos, 2007, 96: 1-21.

［149］ Martyn U. Studying continental dynamics with magnetotelluric exploration［J］. Earth Sci. Front. , 2003, 10(1): 25-38.

［150］ Jiang G Z, Hu S B, Shi Y Z, et al. Terrestrial heat flow of continental China: Updated dataset and tectonic implications［J］. Tectonophysics, 2019, 753: 36-48.

［151］ Davis G H. Shear-zone model for the origin of metamorphic core complexes ［J］. Geology, 1983, 11: 342-347.

［152］ Lin W, Ji W B, Shi Y H, et al. Multi-stage exhumation processes of the UHP metamorphic rocks: Implications from the extensional structure of Tongbai-Hong'an-Dabieshan orogenic belt［J］. Chin. Sci. Bull. , 2013, 58: 2259-2265.

［153］ 杨进辉,朱美妃,刘伟, 等. 胶东地区郭家岭花岗闪长岩的地球化学特征及成因［J］. 岩石学报, 2003,19(04): 692-700.

［154］ Lu G, Zhao L, Zheng T Y, et al. Determining the key conditions for the formation of metamorphic core complexes by geodynamic modeling and insights into the destruction of North China Craton［J］. Sci. China Earth Sci. , 2016, 59(9): 1873-1884.

［155］ Faure M, Lin W, Breton N L. Where is the North China-South China block boundary in eastern China? ［J］. Geology, 2001, 29(2): 119-122.

［156］ Zheng Y F, Zhou J B, Wu YB, et al. Low-grade metamorphic rocks in the Dabie-Sulu orogenic belt: A passive-margin accretionary wedge deformed during continent subduction［J］. Int. Geol. Rev. , 2005,47: 851-871.

［157］ Sobolev S V, Babeyko A Y. Modeling of mineralogical composition, density and elastic wave velocities in anhydrous magmatic rocks［J］. Surveys in Geophysics, 1994, 15: 515-544.

［158］ Gao S, Zhang B R, Jin Z M. Lower crustal delamination in the Qinling Dabie orogenic belt ［J］. Sci. China Ser. D, 1999, 42(4): 423-433.

［159］ Ying J F, Zhang H F, Tang Y J, et al. Diverse crustal components in pyroxenite xenoliths from Junan, Sulu orogenic belt: Implications for lithospheric modification invoked by continental subduction［J］. Chem. Geol. , 2013, 356: 181-192.

［160］ 卢冰, 胡受奚, 周顺之, 等. 山东半岛的地体构造及金矿成矿的区域地质背景［J］. 地质评论, 1995, 41(1): 7-14.

［161］ Li L, Santosh M, Li S R. The 'Jiaodong type' gold deposits: Characteristics, origin and prospecting［J］. Ore Geol. Rev. , 2015,65: 589-611.

［162］ Yang Q Y, Santosh M. Early Cretaceous magma flare-up and its implications on gold mineralization in the Jiaodong Peninsula, China ［J］. Ore Geol. Rev. , 2015, 65: 626-642.

［163］ 刘辅臣, 卢作祥, 范永香, 等. 玲珑金矿中中基性脉岩与矿化的关系探讨［J］. 地球科学, 1984, 9(4): 37-46.

［164］ 季海章, 赵懿英, 卢冰, 等. 胶东地区煌斑岩与金矿关系初探［J］. 地质与勘探, 1992, 28(2): 15-18.

［165］ 罗镇宽, 关康, 苗来成. 胶东玲珑金矿田煌斑岩脉与金矿关系的讨论［J］. 黄金地质, 2001, 7(4): 15-21.

[166] Liu J H, Liu F L, Ding Z J, et al. The growth, reworking and metamorphism of early Precambrian crust in the Jiaobei terrane, the North China Craton: Constraints from UTH-Pb and Lu-Hf isotopic systematics, and REE concentrations of zircon from Archean granitoid gneisses[J]. Precambrain Research, 2013, 224: 287-303.